1

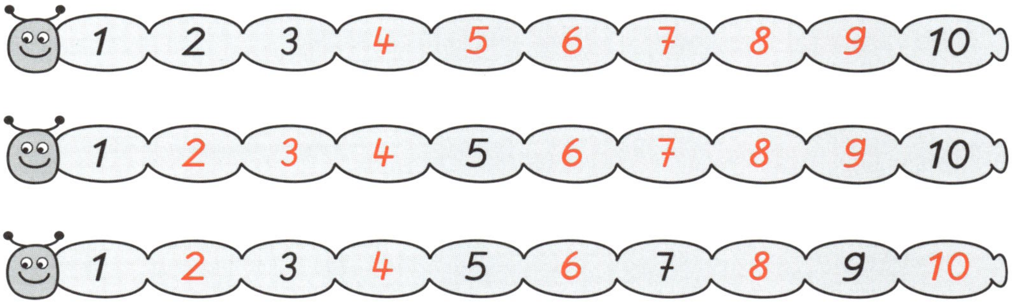

W0359129

2

1 + 1 = 2

2 + 1 = 3

3 + 1 = 4

4 + 1 = 5

5 + 1 = 6

3

1 + 1 = 2

1 + 2 = 3

2 + 2 = 4

2 + 3 = 5

3 + 3 = 6

1

2

2	=	1	+	1
2	=	2	+	0
2	=	0	+	2

2

2	+	0
1	+	1
0	+	2

2

0	+	2
1	+	1
2	+	0

2

3

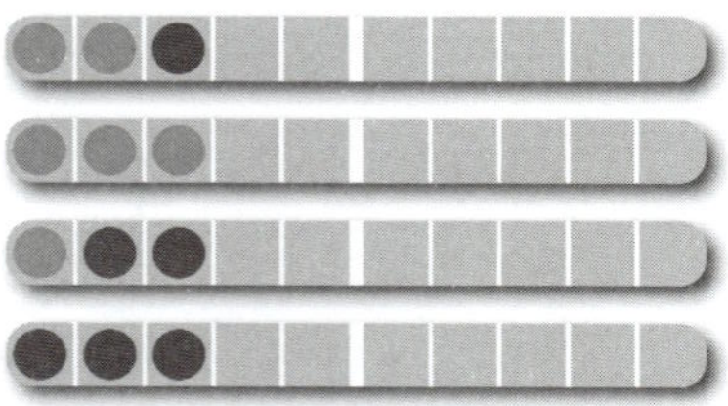

3	=	2	+	1
3	=	3	+	0
3	=	1	+	2
3	=	0	+	3

3

2	+	1
0	+	3
1	+	2
3	+	0

3

1	+	2
3	+	0
2	+	1
0	+	3

1

4

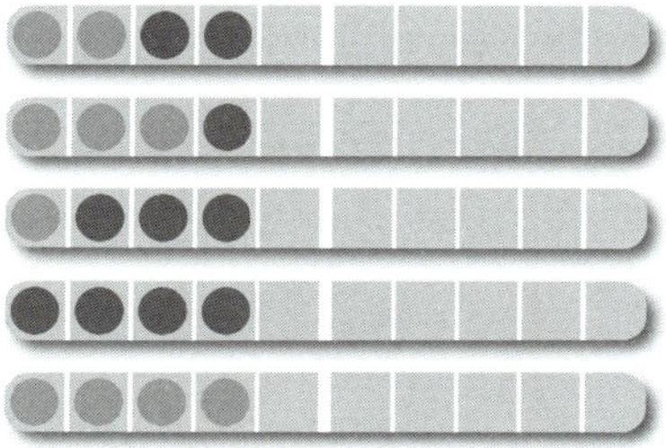

4	=	2	+	2
4	=	3	+	1
4	=	1	+	3
4	=	0	+	4
4	=	4	+	0

4

3	+	1
2	+	2
4	+	0
0	+	4
1	+	3

4

1	+	3
2	+	2
0	+	4
4	+	0
3	+	1

2

5

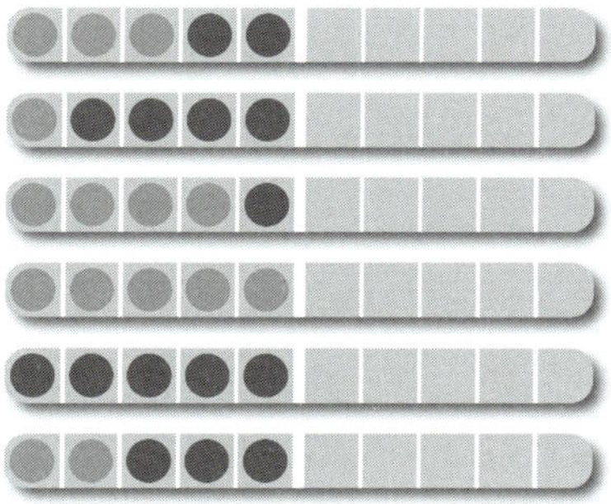

5	=	3	+	2
5	=	1	+	4
5	=	4	+	1
5	=	5	+	0
5	=	0	+	5
5	=	2	+	3

5

3	+	2
4	+	1
1	+	4
5	+	0
2	+	3
0	+	5

5

2	+	3
1	+	4
4	+	1
0	+	5
3	+	2
5	+	0

1

1	2	3	4	5	6	7	8	9	10
1	2	3	4	5	6	7	8	9	10
1	2	3	4	5	6	7	8	9	10

2

6

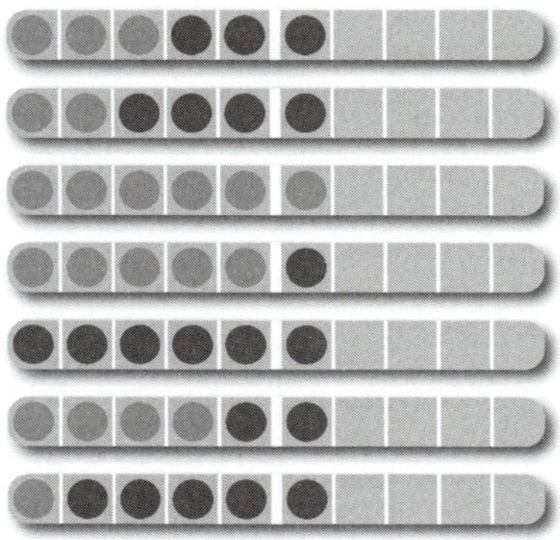

6	=	3	+	3
6	=	2	+	4
6	=	6	+	0
6	=	5	+	1
6	=	0	+	6
6	=	4	+	2
6	=	1	+	5

6		
4	+	2
1	+	5
3	+	3
6	+	0
5	+	1
0	+	6
2	+	4

6		
2	+	4
5	+	1
3	+	3
0	+	6
1	+	5
6	+	0
4	+	2

1

1	+	2	=	3
2	+	1	=	3

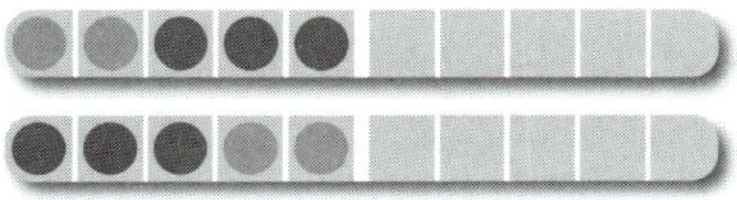

2	+	3	=	5
3	+	2	=	5

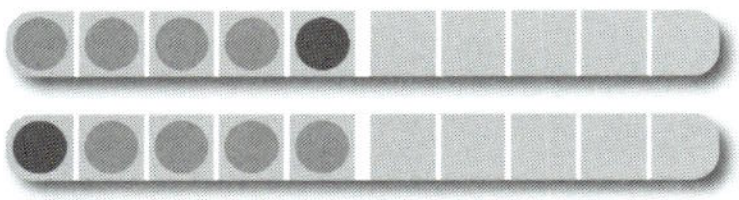

4	+	1	=	5
1	+	4	=	5

1	+	3	=	4
3	+	1	=	4

2	+	1	=	3
1	+	2	=	3

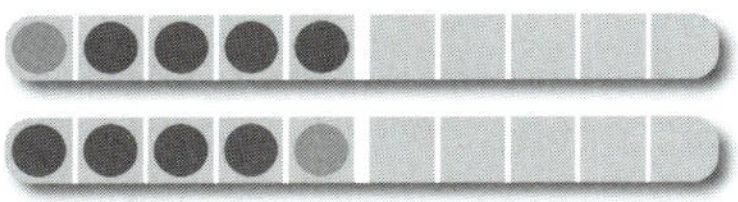

1	+	4	=	5
4	+	1	=	5

2

1	+	5	=	6
5	+	1	=	6

6	+	0	=	6
0	+	6	=	6

3	+	2	=	5
2	+	3	=	5

2	+	4	=	6
4	+	2	=	6

0	+	3	=	3
3	+	0	=	3

4	+	0	=	4
0	+	4	=	4

3

4	+	2	=	6
2	+	4	=	6

0	+	6	=	6
6	+	0	=	6

3	+	1	=	4
1	+	3	=	4

0	+	5	=	5
5	+	0	=	5

5	+	1	=	6
1	+	5	=	6

5	+	0	=	5
0	+	5	=	5

1

1	2	3	4	5	6	7	8	9	10
1	2	3	4	5	6	7	8	9	10
10	9	8	7	6	5	4	3	2	1

2

7

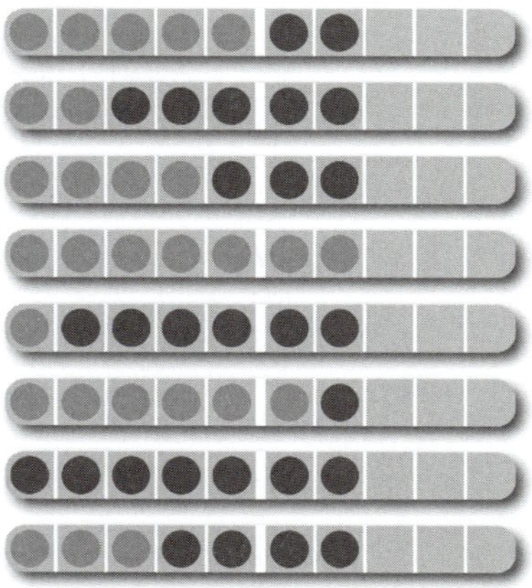

7	=	5	+	2
7	=	2	+	5
7	=	4	+	3
7	=	7	+	0
7	=	1	+	6
7	=	6	+	1
7	=	0	+	7
7	=	3	+	4

7		
5	+	2
4	+	3
1	+	6
0	+	7
2	+	5
7	+	0
3	+	4
6	+	1

7		
2	+	5
3	+	4
6	+	1
7	+	0
5	+	2
0	+	7
4	+	3
1	+	6

1

1 2 3	6 7 8	2 3 4	3 4 5
4 5 6	1 2 3	6 7 8	5 6 7
6 7 8	4 5 6	4 5 6	7 8 9
7 8 9	7 8 9	7 8 9	3 4 5
3 4 5	2 3 4	1 2 3	4 5 6

2

1

0 + 1	1 + 0

2

0 + 2	2 + 0
1 + 1	

3

0 + 3	3 + 0
1 + 2	2 + 1

4

0 + 4	4 + 0
1 + 3	3 + 1
2 + 2	

5

0 + 5	5 + 0
1 + 4	4 + 1
2 + 3	3 + 2

1

Top	Bottom left	Bottom right
3	2	1
6	4	2
6	3	3
4	1	3
5	3	2
5	4	1
7	3	4
5	1	4
7	6	1
6	1	5
7	7	0
6	0	6

2

Top	Middle	Bottom
6	3 3	1 2 1
6	4 2	3 1 1
7	2 5	0 2 3
5	3 2	1 2 0
5	4 1	3 1 0
7	2 5	1 1 4
4	2 2	2 0 2
7	3 4	2 1 3

1

5	
2	3

3	
2	1

5	
3	2

7	
6	1

3	
3	0

5	
4	1

3	
2	1

6	
2	4

5	
4	1

1	
0	1

4	
2	2

7	
3	4

2

7		
3	4	
1	2	2

6		
3	3	
2	1	2

5		
2	3	
1	1	2

5		
1	4	
0	1	3

6		
2	4	
1	1	3

6		
4	2	
2	2	0

7		
4	3	
3	1	2

6		
2	4	
2	0	4

1

8

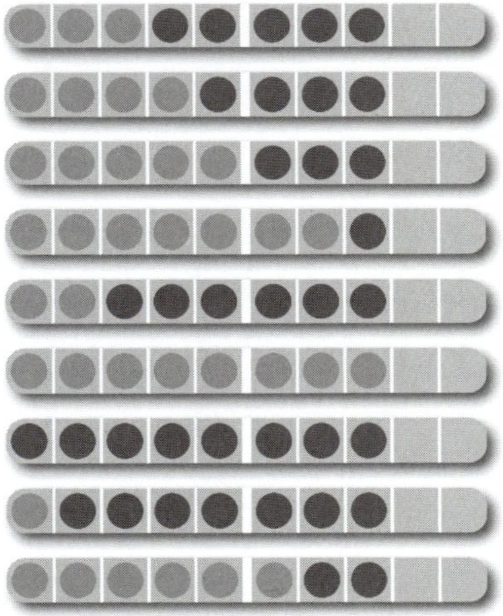

8	=	3	+	5
8	=	4	+	4
8	=	5	+	3
8	=	7	+	1
8	=	2	+	6
8	=	8	+	0
8	=	0	+	8
8	=	1	+	7
8	=	6	+	2

8

5	+	3
7	+	1
2	+	6
6	+	2
0	+	8
1	+	7
3	+	5
8	+	0
4	+	4

8

3	+	5
1	+	7
6	+	2
2	+	6
8	+	0
7	+	1
5	+	3
0	+	8
4	+	4

2

8	
3	5

8	
2	6

8	
4	4

8	
6	2

8	
5	3

8	
7	1

1

9

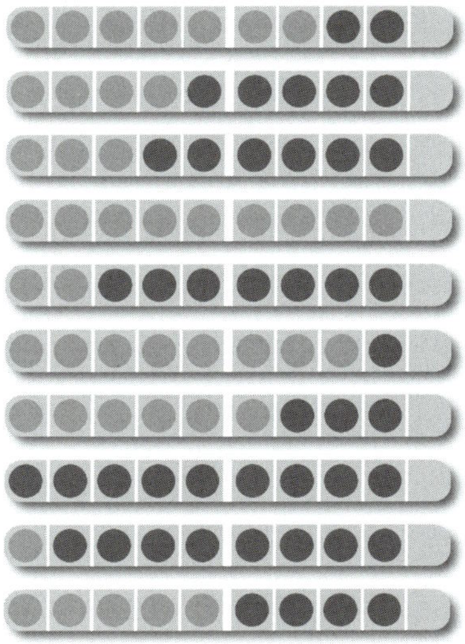

9	=	7	+	2
9	=	4	+	5
9	=	3	+	6
9	=	9	+	0
9	=	2	+	7
9	=	8	+	1
9	=	6	+	3
9	=	0	+	9
9	=	1	+	8
9	=	5	+	4

9		
4	+	5
1	+	8
7	+	2
9	+	0
6	+	3
5	+	4
3	+	6
0	+	9
2	+	7
8	+	1

9		
5	+	4
8	+	1
2	+	7
0	+	9
3	+	6
4	+	5
6	+	3
9	+	0
7	+	2
1	+	8

2

9	
2	7

9	
5	4

9	
3	6

9	
3	6

9	
5	4

9	
7	2

1

5	
3	2

4	
1	3

9	
8	1

6	
2	4

8	
5	3

7	
3	4

2

8		
3	5	
1	2	3

5		
3	2	
2	1	1

8		
4	4	
4	0	4

9		
5	4	
3	2	2

3

3	
1	2

5	
4	1

4	
0	4

6	
3	3

9	
7	2

8	
5	3

4

8		
4	4	
2	2	2

9		
5	4	
4	1	3

6		
2	4	
1	1	3

6		
3	3	
3	0	3

1

10 9 8 7 6 5 4 3 2 1

10 9 8 7 6 5 4 3 2 1

2

5		
0	+	5
5	+	0
1	+	4
4	+	1
2	+	3
3	+	2

6		
0	+	6
6	+	0
1	+	5
5	+	1
2	+	4
4	+	2
3	+	3

7		
0	+	7
7	+	0
1	+	6
6	+	1
2	+	5
5	+	2
3	+	4
4	+	3

8		
0	+	8
8	+	0
1	+	7
7	+	1
2	+	6
6	+	2
3	+	5
5	+	3
4	+	4

9		
0	+	9
9	+	0
1	+	8
8	+	1
2	+	7
7	+	2
3	+	6
6	+	3
4	+	5
5	+	4

1

10

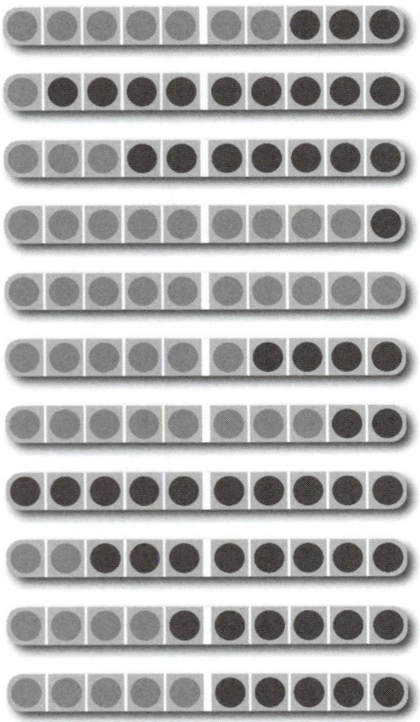

10 =	7	+	3	
10 =	1	+	9	
10 =	3	+	7	
10 =	9	+	1	
10 =	10	+	0	
10 =	6	+	4	
10 =	8	+	2	
10 =	0	+	10	
10 =	2	+	8	
10 =	4	+	6	
10 =	5	+	5	

10

3	+	7
8	+	2
5	+	5
0	+	10
4	+	6
7	+	3
2	+	8
9	+	1
1	+	9
10	+	0
6	+	4

10

7	+	3
2	+	8
5	+	5
10	+	0
6	+	4
3	+	7
8	+	2
1	+	9
9	+	1
0	+	10
4	+	6

2

10		10		10		10		10		10	
2	8	5	5	3	7	3	7	10	0	6	4

1

1 + 1 = 2		2 = 1 + 1
2 + 2 = 4		4 = 2 + 2
3 + 3 = 6		6 = 3 + 3
4 + 4 = 8		8 = 4 + 4
5 + 5 = 10		10 = 5 + 5

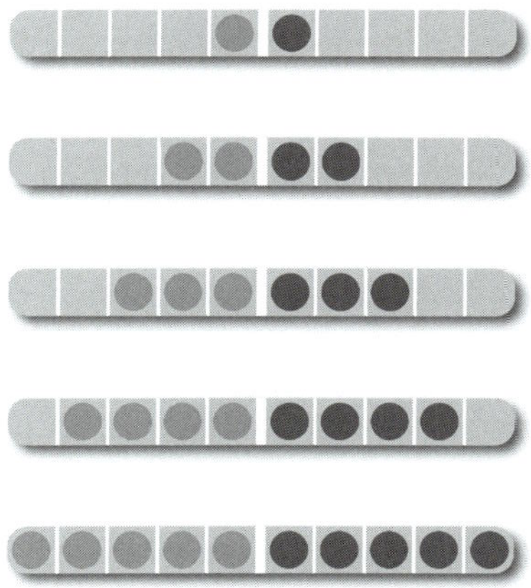

2

Top	Left	Right
2	1	1
4	2	2
6	3	3
8	4	4
10	5	5

Top	Left	Right
2	1	1
4	2	2
6	3	3
8	4	4
10	5	5

1

$1 + 2 = 3$
$2 + 1 = 3$

$1 + 4 = 5$
$4 + 1 = 5$

$1 + 3 = 4$
$3 + 1 = 4$

$2 + 3 = 5$
$3 + 2 = 5$

$2 + 6 = 8$
$6 + 2 = 8$

$3 + 4 = 7$
$4 + 3 = 7$

2

$3 + 7 = 10$
$7 + 3 = 10$

$4 + 5 = 9$
$5 + 4 = 9$

$1 + 7 = 8$
$7 + 1 = 8$

$2 + 4 = 6$
$4 + 2 = 6$

$1 + 9 = 10$
$9 + 1 = 10$

$2 + 5 = 7$
$5 + 2 = 7$

3

$2 + 8 = 10$
$8 + 2 = 10$

$3 + 6 = 9$
$6 + 3 = 9$

$0 + 10 = 10$
$10 + 0 = 10$

X $2 + 7 = 9$
$7 + 1 = 8$

$1 + 5 = 6$
$5 + 1 = 6$

$4 + 6 = 10$
$6 + 4 = 10$

1

1 + 3 = 4
3 + 1 = 4

1 + 5 = 6
5 + 1 = 6

2 + 3 = 5
3 + 2 = 5

2 + 6 = 8
6 + 2 = 8

X 1 + 4 = 5
4 + 4 = 8

2 + 8 = 10
8 + 2 = 10

2

1 + 2 = 3
2 + 1 = 3

1 + 6 = 7
6 + 1 = 7

1 + 9 = 10
9 + 1 = 10

X 2 + 4 = 6
4 + 3 = 7

2 + 7 = 9
7 + 2 = 9

3 + 5 = 8
5 + 3 = 8

3

1 + 7 = 8
7 + 1 = 8

3 + 6 = 9
6 + 3 = 9

X 2 + 6 = 8
6 + 1 = 7

3 + 4 = 7
4 + 3 = 7

3 + 7 = 10
7 + 3 = 10

4 + 5 = 9
5 + 4 = 9

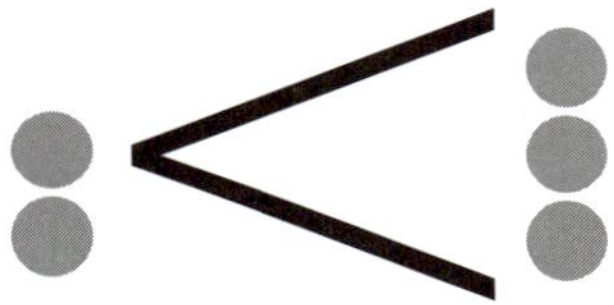

2 < 3

2 ist kleiner als 3

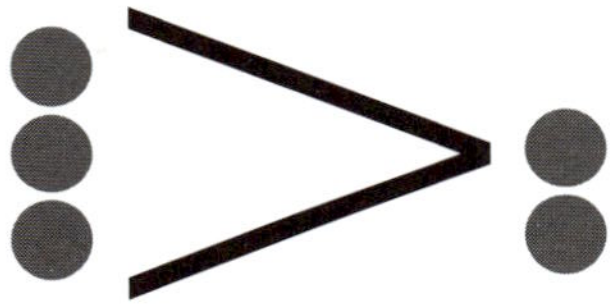

3 > 2

3 ist größer als 2

3 = 3

3 gleich 3

1

3 < 4
2 > 1
4 = 4
5 = 5
8 > 1
5 < 6
7 = 7

2

5 > 2
2 = 2
7 = 7
9 < 10
9 > 8
3 > 2
0 < 10

3

6 = 6
7 < 8
5 > 4
1 < 2
0 = 0
8 > 4
0 < 6

4

2 < 5
10 > 8
4 < 5
1 = 1
1 < 9
10 > 0
3 = 3

1

$2 + 2 < 5$

$2 + 5 > 4$

$3 + 1 = 4$

$1 + 2 = 3$

$5 + 5 > 0$

$4 + 1 < 6$

$4 + 6 > 5$

$3 + 6 = 9$

$1 + 6 > 2$

$3 + 3 < 8$

$3 + 3 = 6$

$2 + 2 < 7$

2

$1 + 3 = 4$

$3 + 2 < 6$

$2 + 3 < 6$

$1 + 7 = 8$

$4 + 3 > 1$

$2 + 6 = 8$

$1 + 4 > 2$

$6 + 2 < 9$

$4 + 5 > 5$

$1 + 5 = 6$

$3 + 7 > 7$

$3 + 4 < 9$

3

$5 < 3 + 3$

$2 > 0 + 1$

$6 > 2 + 2$

$3 < 3 + 5$

$7 = 3 + 4$

$4 > 1 + 1$

$2 < 7 + 3$

$7 = 2 + 5$

$1 < 8 + 2$

$9 > 4 + 2$

$8 < 5 + 5$

$8 = 4 + 4$

1

10	
0 +	10
10 +	0
1 +	9
9 +	1
2 +	8
8 +	2
3 +	7
7 +	3
4 +	6
6 +	4
5 +	5

5 + 5 = 10
1 + 9 = 10
2 + 8 = 10
6 + 4 = 10
4 + 6 = 10
0 + 10 = 10
9 + 1 = 10
10 + 0 = 10
8 + 2 = 10
7 + 3 = 10
3 + 7 = 10

2

1 + 1 = 2	2 = 1 + 1
2 + 2 = 4	4 = 2 + 2
3 + 3 = 6	6 = 3 + 3
4 + 4 = 8	8 = 4 + 4
5 + 5 = 10	10 = 5 + 5

3

8
4 4
2 2 2
1 1 1 1

4
2 2
1 1 1

8
4 4
2 2 2

6
3 3

8
4 4

10
5 5

1

2		4		6		8		10	
1	1	2	2	3	3	4	4	5	5

2

5 + 2 = 7
2 + 5 = 7
7 + 0 = 7
3 + 4 = 7
1 + 6 = 7
6 + 1 = 7
0 + 7 = 7
4 + 3 = 7

3

4 + 4 = 8
2 + 6 = 8
1 + 7 = 8
5 + 3 = 8
0 + 8 = 8
8 + 0 = 8
3 + 5 = 8
7 + 1 = 8
6 + 2 = 8

4

6 + 3 = 9
4 + 5 = 9
0 + 9 = 9
2 + 7 = 9
5 + 4 = 9
3 + 6 = 9
7 + 2 = 9
1 + 8 = 9
9 + 0 = 9
8 + 1 = 9

5

9 + 1 = 10
2 + 8 = 10
0 + 10 = 10
5 + 5 = 10
3 + 7 = 10
6 + 4 = 10
4 + 6 = 10
1 + 9 = 10
8 + 2 = 10
10 + 0 = 10
7 + 3 = 10

1

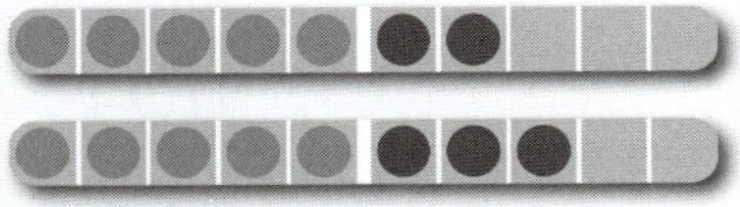

5 + 2 = 7
5 + 3 = 8

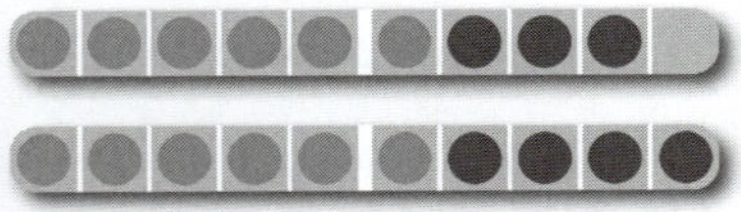

6 + 3 = 9
6 + 4 = 10

2 + 3 = 5
2 + 4 = 6

3 + 3 = 6
3 + 4 = 7

4 + 2 = 6
4 + 3 = 7

7 + 1 = 8
7 + 2 = 9

6 + 2 = 8
6 + 3 = 9

1 + 6 = 7
1 + 7 = 8

2 + 7 = 9
2 + 8 = 10

4 + 5 = 9
4 + 6 = 10

2

5 + 2 = 7
5 + 1 = 6

6 + 3 = 9
6 + 2 = 8

3 + 2 = 5
3 + 1 = 4

4 + 2 = 6
4 + 1 = 5

5 + 3 = 8
5 + 2 = 7

2 + 6 = 8
2 + 5 = 7

7 + 3 = 10
7 + 2 = 9

3 + 6 = 9
3 + 5 = 8

4 + 5 = 9
4 + 4 = 8

6 + 4 = 10
6 + 3 = 9

1

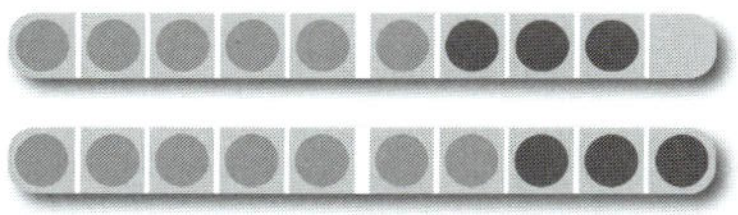

6 + 3 = 9
7 + 3 = 10

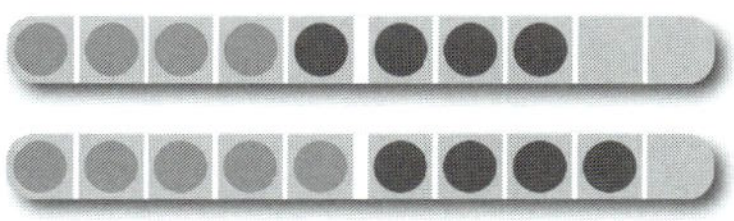

4 + 4 = 8
5 + 4 = 9

3 + 2 = 5
4 + 2 = 6

4 + 3 = 7
5 + 3 = 8

5 + 3 = 8
6 + 3 = 9

8 + 1 = 9
9 + 1 = 10

2 + 4 = 6
3 + 4 = 7

2 + 7 = 9
3 + 7 = 10

6 + 3 = 9
7 + 3 = 10

3 + 6 = 9
4 + 6 = 10

2

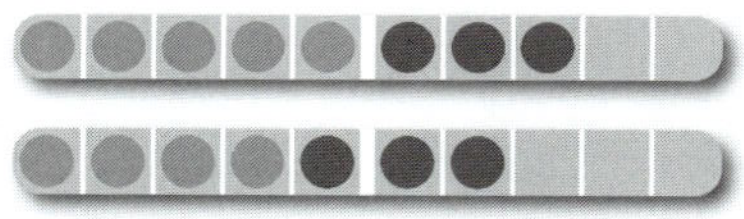

5 + 3 = 8
4 + 3 = 7

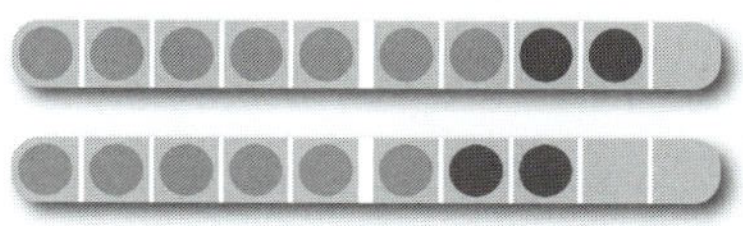

7 + 2 = 9
6 + 2 = 8

3 + 4 = 7
2 + 4 = 6

5 + 1 = 6
4 + 1 = 5

4 + 4 = 8
3 + 4 = 7

7 + 3 = 10
6 + 3 = 9

4 + 6 = 10
3 + 6 = 9

3 + 5 = 8
2 + 5 = 7

6 + 3 = 9
5 + 3 = 8

8 + 2 = 10
7 + 2 = 9

1

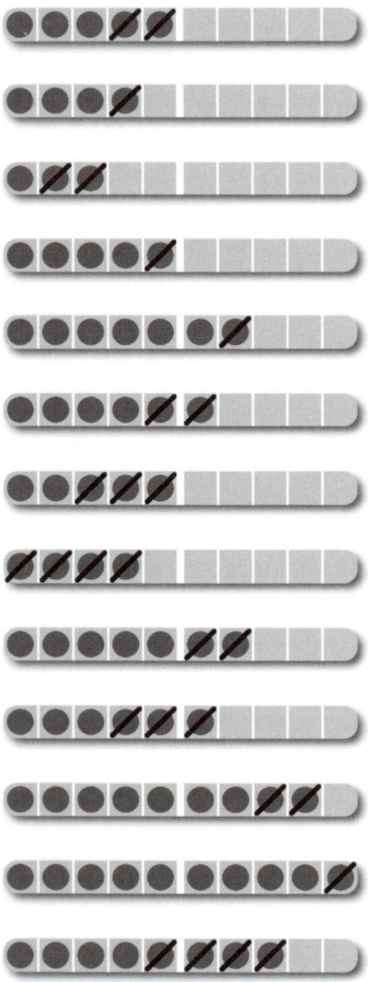

5 – 2 = 3
4 – 1 = 3
3 – 2 = 1
5 – 1 = 4
7 – 1 = 6
6 – 2 = 4
5 – 3 = 2
4 – 4 = 0
7 – 2 = 5
6 – 3 = 3
9 – 2 = 7
10 – 1 = 9
8 – 4 = 4

2

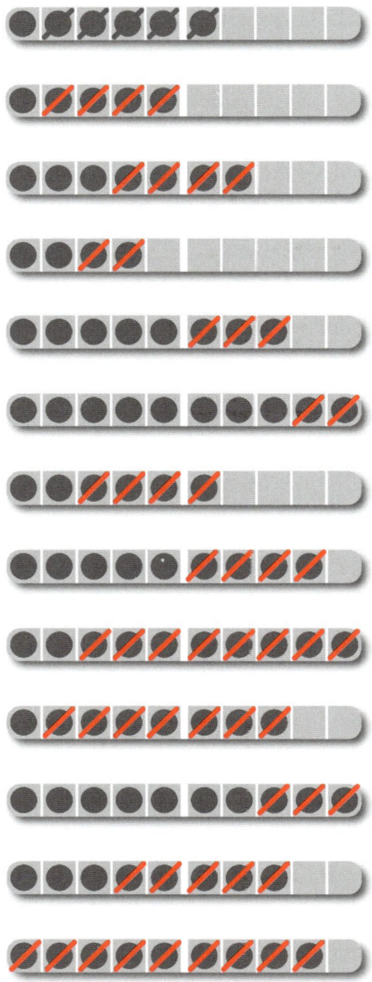

6 – 5 = 1
5 – 4 = 1
7 – 4 = 3
4 – 2 = 2
8 – 3 = 5
10 – 2 = 8
6 – 4 = 2
9 – 4 = 5
10 – 8 = 2
8 – 7 = 1
10 – 3 = 7
8 – 5 = 3
9 – 9 = 0

1

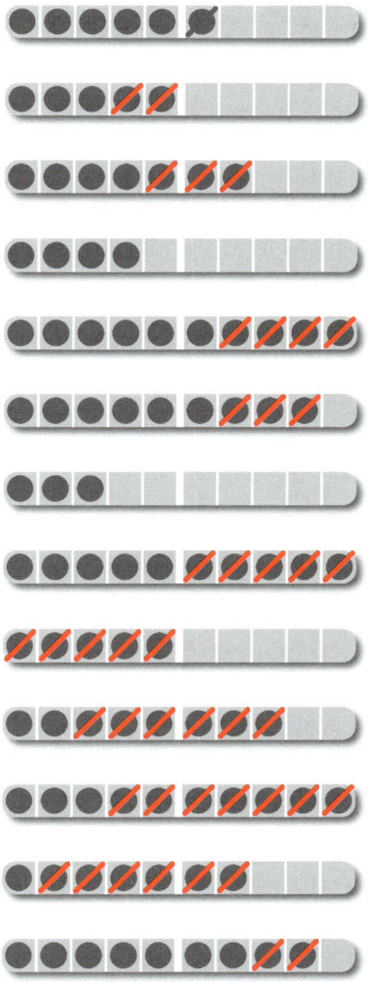

6 – 1 = 5
5 – 2 = 3
7 – 3 = 4
4 – 0 = 4
10 – 4 = 6
9 – 3 = 6
3 – 0 = 3
10 – 5 = 5
5 – 5 = 0
8 – 6 = 2
10 – 7 = 3
7 – 6 = 1
9 – 2 = 7

2

2 – 1 = 1
4 – 2 = 2
3 – 2 = 1
1 – 1 = 0
5 – 3 = 2
4 – 1 = 3
3 – 1 = 2
5 – 2 = 3
4 – 3 = 1
9 – 4 = 5
10 – 3 = 7
7 – 3 = 4
6 – 5 = 1

3

7 – 2 = 5
6 – 3 = 3
8 – 2 = 6
5 – 1 = 4
8 – 4 = 4
7 – 5 = 2
10 – 6 = 4
9 – 6 = 3
5 – 4 = 1
10 – 8 = 2
9 – 1 = 8
9 – 8 = 1
10 – 9 = 1

1

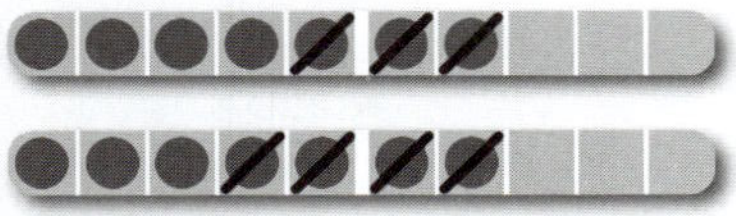

7 − 3 = 4
7 − 4 = 3

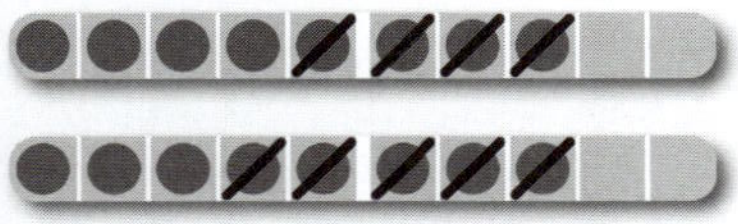

8 − 4 = 4
8 − 5 = 3

6 − 3 = 3
6 − 4 = 2

4 − 2 = 2
4 − 3 = 1

7 − 4 = 3
7 − 5 = 2

5 − 2 = 3
5 − 3 = 2

8 − 3 = 5
8 − 4 = 4

10 − 5 = 5
10 − 6 = 4

9 − 4 = 5
9 − 5 = 4

10 − 8 = 2
10 − 9 = 1

2

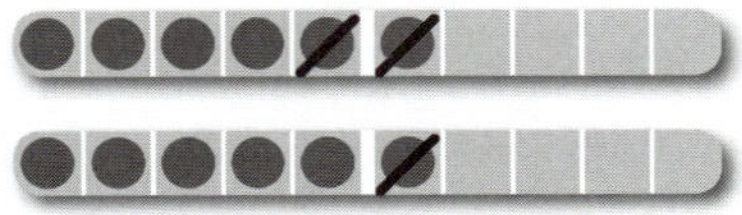

6 − 2 = 4
6 − 1 = 5

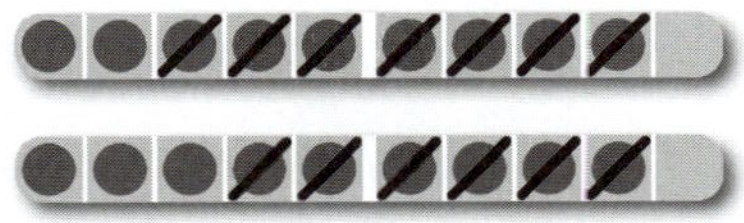

9 − 7 = 2
9 − 6 = 3

4 − 3 = 1
4 − 2 = 2

6 − 3 = 3
6 − 2 = 4

8 − 4 = 4
8 − 3 = 5

7 − 5 = 2
7 − 4 = 3

9 − 7 = 2
9 − 6 = 3

10 − 5 = 5
10 − 4 = 6

10 − 1 = 9
10 − 0 = 10

8 − 6 = 2
8 − 5 = 3

1

7 – 4 = 3
8 – 4 = 4

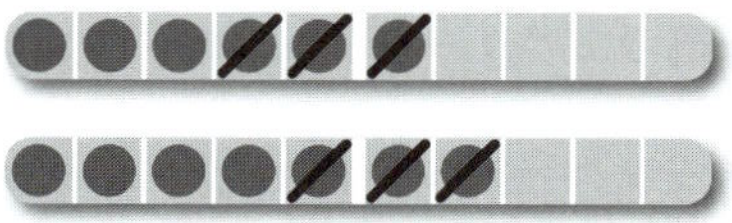

6 – 3 = 3
7 – 3 = 4

4 – 2 = 2
5 – 2 = 3

5 – 3 = 2
6 – 3 = 3

7 – 3 = 4
8 – 3 = 5

9 – 3 = 6
10 – 3 = 7

8 – 3 = 5
9 – 3 = 6

8 – 7 = 1
9 – 7 = 2

7 – 6 = 1
8 – 6 = 2

9 – 6 = 3
10 – 6 = 4

2

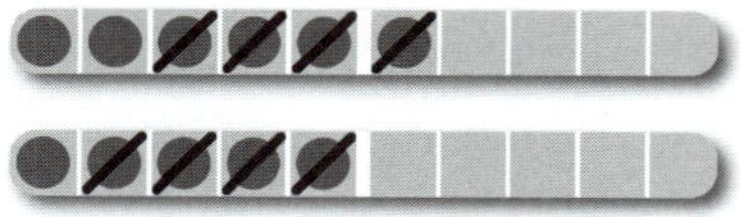

6 – 4 = 2
5 – 4 = 1

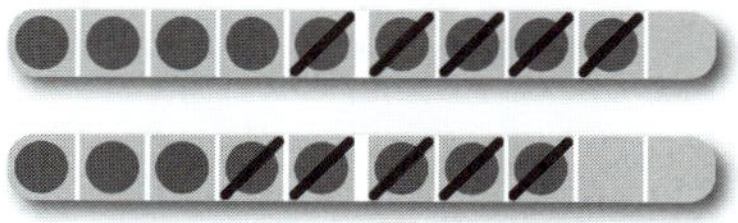

9 – 5 = 4
8 – 5 = 3

5 – 2 = 3
4 – 2 = 2

6 – 3 = 3
5 – 3 = 2

7 – 3 = 4
6 – 3 = 3

8 – 6 = 2
7 – 6 = 1

9 – 6 = 3
8 – 6 = 2

10 – 5 = 5
9 – 5 = 4

10 – 4 = 6
9 – 4 = 5

8 – 4 = 4
7 – 4 = 3

1

4 + 2 = 6
4 + 3 = 7

6 + 3 = 9
6 + 4 = 10

4 + 3 = 7
5 + 3 = 8

4 + 4 = 8
4 + 3 = 7

4 + 5 = 9
3 + 5 = 8

5 + 4 = 9
5 + 5 = 10

5 + 4 = 9
5 + 3 = 8

3 + 5 = 8
3 + 6 = 9

2 + 4 = 6
2 + 3 = 5

3 + 6 = 9
4 + 6 = 10

8 + 2 = 10
7 + 2 = 9

2 + 7 = 9
2 + 6 = 8

2

3 + 5 = 8
4 + 5 = 9

3 + 4 = 7
2 + 4 = 6

2 + 5 = 7
2 + 6 = 8

3 + 5 = 8
3 + 4 = 7

1 + 5 = 6
2 + 5 = 7

1 + 7 = 8
2 + 7 = 9

6 + 3 = 9
5 + 3 = 8

2 + 5 = 7
3 + 5 = 8

8 + 2 = 10
8 + 1 = 9

6 + 2 = 8
5 + 2 = 7

3 + 3 = 6
3 + 4 = 7

7 + 3 = 10
6 + 3 = 9

1

5 – 3 = 2
5 – 4 = 1

6 – 3 = 3
6 – 2 = 4

3 – 3 = 0
3 – 2 = 1

4 – 2 = 2
4 – 3 = 1

5 – 4 = 1
6 – 4 = 2

6 – 4 = 2
7 – 4 = 3

6 – 2 = 4
6 – 3 = 3

10 – 5 = 5
10 – 4 = 6

7 – 5 = 2
6 – 5 = 1

6 – 2 = 4
5 – 2 = 3

9 – 6 = 3
9 – 7 = 2

8 – 4 = 4
8 – 3 = 5

2

5 – 2 = 3
6 – 2 = 4

7 – 3 = 4
6 – 3 = 3

7 – 5 = 2
7 – 4 = 3

9 – 5 = 4
10 – 5 = 5

7 – 4 = 3
7 – 5 = 2

9 – 6 = 3
9 – 5 = 4

8 – 6 = 2
9 – 6 = 3

9 – 6 = 3
8 – 6 = 2

8 – 5 = 3
7 – 5 = 2

10 – 5 = 5
10 – 6 = 4

7 – 2 = 5
8 – 2 = 6

10 – 7 = 3
9 – 7 = 2

1

1	2	3	4	5
0 1	1 1	1 2	2 2	2 3

1	2	3	4	5
0 1	2 0	1 2	1 3	1 4

2

1		
0	+	1
1	+	0

2		
0	+	2
1	+	1
2	+	0

3		
0	+	3
1	+	2
2	+	1
3	+	0

4		
0	+	4
1	+	3
2	+	2
3	+	1
4	+	0

5		
0	+	5
1	+	4
2	+	3
3	+	2
4	+	1
5	+	0

1

6		7		8		9		10	
3	3	4	3	4	4	5	4	5	5

2

6	7	8	9	10
0 + 6	0 + 7	0 + 8	0 + 9	0 + 10
1 + 5	1 + 6	1 + 7	1 + 8	1 + 9
2 + 4	2 + 5	2 + 6	2 + 7	2 + 8
3 + 3	3 + 4	3 + 5	3 + 6	3 + 7
4 + 2	4 + 3	4 + 4	4 + 5	4 + 6
5 + 1	5 + 2	5 + 3	5 + 4	5 + 5
6 + 0	6 + 1	6 + 2	6 + 3	6 + 4
	7 + 0	7 + 1	7 + 2	7 + 3
		8 + 0	8 + 1	8 + 2
			9 + 0	9 + 1
				10 + 0

1
3 + 4 < 8
4 + 3 < 8
5 + 5 > 2
2 + 7 > 2
4 + 4 = 8
3 + 3 = 6

2
9 > 2 + 6
9 > 6 + 2
1 < 8 + 2
5 < 2 + 8
9 = 3 + 6
8 > 3 + 3

3
5 + 3 = 8
5 + 4 > 8
5 + 2 < 8
6 + 3 > 8
4 + 3 < 8
3 + 5 = 8

4
7 = 3 + 4
7 < 3 + 5
7 > 3 + 3
7 < 4 + 4
7 > 2 + 4
7 = 4 + 3

5

1

10 – 5 > 4
10 – 3 < 8
10 – 1 > 5
10 – 4 = 6
10 – 2 < 9
10 – 0 > 8

2

3 < 10 – 6
3 < 10 – 5
3 > 10 – 8
3 = 10 – 7
3 > 10 – 9
3 > 10 – 10

3

8 – 4 = 4
8 – 5 < 4
8 – 3 > 4
9 – 4 > 4
7 – 4 < 4
9 – 5 = 4

4

2 = 7 – 5
2 > 7 – 6
2 < 7 – 4
2 < 8 – 5
2 > 6 – 5
2 = 8 – 6

5

1

3	4	7

3	+	4	=	7
4	+	3	=	7
7	–	4	=	3
7	–	3	=	4

2	3	5

2	+	3	=	5
3	+	2	=	5
5	–	2	=	3
5	–	3	=	2

1	5	6

5	+	1	=	6
1	+	5	=	6
6	–	5	=	1
6	–	1	=	5

2

1	2	3

1	+	2	=	3
2	+	1	=	3
3	–	1	=	2
3	–	2	=	1

3	7	10

7	+	3	=	10
3	+	7	=	10
10	–	7	=	3
10	–	3	=	7

1	3	4

3	+	1	=	4
1	+	3	=	4
4	–	1	=	3
4	–	3	=	1

2	4	6

2	+	4	=	6
4	+	2	=	6
6	–	4	=	2
6	–	2	=	4

2	8	10

8	+	2	=	10
2	+	8	=	10
10	–	8	=	2
10	–	2	=	8

3	5	8

3	+	5	=	8
5	+	3	=	8
8	–	3	=	5
8	–	5	=	3

1

(1) (4) (5)

1	+	4	=	5
4	+	1	=	5
5	–	4	=	1
5	–	1	=	4

(2) (4) (6)

2	+	4	=	6
4	+	2	=	6
6	–	2	=	4
6	–	4	=	2

(4) (6) (10)

6	+	4	=	10
4	+	6	=	10
10	–	6	=	4
10	–	4	=	6

2

(1) (6) (7)

6	+	1	=	7
1	+	6	=	7
7	–	1	=	6
7	–	6	=	1

(2) (6) (8)

2	+	6	=	8
6	+	2	=	8
8	–	2	=	6
8	–	6	=	2

(2) (5) (7)

2	+	5	=	7
5	+	2	=	7
7	–	2	=	5
7	–	5	=	2

(2) (8) (10)

2	+	8	=	10
8	+	2	=	10
10	–	8	=	2
10	–	2	=	8

(1) (9) (10)

9	+	1	=	10
1	+	9	=	10
10	–	9	=	1
10	–	1	=	9

(3) (6) (9)

6	+	3	=	9
3	+	6	=	9
9	–	3	=	6
9	–	6	=	3

1

2 3 5

2	+	3	=	5
3	+	2	=	5
5	–	2	=	3
5	–	3	=	2

3 4 7

4	+	3	=	7
3	+	4	=	7
7	–	3	=	4
7	–	4	=	3

1 7 8

1	+	7	=	8
7	+	1	=	8
8	–	1	=	7
8	–	7	=	1

2

1 3 4

3	+	1	=	4
1	+	3	=	4
4	–	1	=	3
4	–	3	=	1

2 5 7

2	+	5	=	7
5	+	2	=	7
7	–	5	=	2
7	–	2	=	5

1 6 7

6	+	1	=	7
1	+	6	=	7
7	–	6	=	1
7	–	1	=	6

3 5 8

5	+	3	=	8
3	+	5	=	8
8	–	5	=	3
8	–	3	=	5

3 7 10

3	+	7	=	10
7	+	3	=	10
10	–	3	=	7
10	–	7	=	3

4 6 10

4	+	6	=	10
6	+	4	=	10
10	–	6	=	4
10	–	4	=	6

1

(2) (6) (8)

2 + 6 = 8
6 + 2 = 8
8 − 6 = 2
8 − 2 = 6

(3) (6) (9)

3 + 6 = 9
6 + 3 = 9
9 − 3 = 6
9 − 6 = 3

(1) (5) (6)

1 + 5 = 6
5 + 1 = 6
6 − 1 = 5
6 − 5 = 1

2

(1) (9) (10)

1 + 9 = 10
9 + 1 = 10
Andere Reihenfolge möglich
10 − 9 = 1
10 − 1 = 9

(3) (5) (8)

3 + 5 = 8
5 + 3 = 8
Andere Reihenfolge möglich
8 − 3 = 5
8 − 5 = 3

(2) (7) (9)

2 + 7 = 9
7 + 2 = 9
Andere Reihenfolge möglich
9 − 2 = 7
9 − 7 = 2

(3) (7) (10)

3 + 7 = 10
7 + 3 = 10
Andere Reihenfolge möglich
10 − 7 = 3
10 − 3 = 7

(1) (7) (8)

1 + 7 = 8
7 + 1 = 8
Andere Reihenfolge möglich
8 − 1 = 7
8 − 7 = 1

(4) (5) (9)

4 + 5 = 9
5 + 4 = 9
Andere Reihenfolge möglich
9 − 4 = 5
9 − 5 = 4

1

$4 + 2 < 8$

$2 + 4 > 4$

$3 + 6 = 9$

$6 + 3 = 9$

$2 + 5 < 8$

$5 + 2 < 8$

2

$8 > 1 + 6$

$8 > 6 + 1$

$6 < 3 + 4$

$6 < 4 + 3$

$9 = 1 + 8$

$9 = 8 + 1$

3

$3 + 4 < 3 + 5$

$3 + 4 > 3 + 3$

$3 + 4 < 4 + 4$

$3 + 4 > 2 + 4$

$3 + 4 = 4 + 3$

$4 + 3 = 3 + 4$

4

1

$5 - 3 < 7$

$6 - 4 = 2$

$2 - 2 < 5$

$8 - 3 > 4$

$9 - 3 > 5$

$0 - 0 = 0$

2

$2 < 8 - 5$

$8 > 4 - 2$

$5 = 10 - 5$

$3 < 8 - 4$

$1 = 2 - 1$

$4 < 10 - 5$

3

$5 - 2 > 5 - 3$

$5 - 2 < 5 - 1$

$5 - 2 < 6 - 2$

$5 - 2 > 4 - 2$

$5 - 2 = 6 - 3$

$5 - 2 = 4 - 1$

4

	10	
6		4
3	3	1

	10	
4		6
2	2	4

	10	
5		5
5	0	5

	10	
2		8
1	1	7

	9	
3		6
0	3	3

	8	
4		4
2	2	2

	10	
5		5
2	3	2

	9	
4		5
3	1	4

1

(2) (4) (6)

2 + 4 = 6
4 + 2 = 6
6 − 2 = 4
6 − 4 = 2

(1) (5) (6)

1 + 5 = 6
5 + 1 = 6
6 − 1 = 5
6 − 5 = 1

(4) (5) (9)

4 + 5 = 9
5 + 4 = 9
9 − 4 = 5
9 − 5 = 4

2

(1) (2) (3)

1 + 2 = 3
2 + 1 = 3
Andere Reihenfolge möglich
3 − 1 = 2
3 − 2 = 1

(1) (6) (7)

1 + 6 = 7
6 + 1 = 7
Andere Reihenfolge möglich
7 − 1 = 6
7 − 6 = 1

(4) (6) (10)

4 + 6 = 10
6 + 4 = 10
Andere Reihenfolge möglich
10 − 4 = 6
10 − 6 = 4

3

(2) (5) (7)

2 + 5 = 7
5 + 2 = 7
Andere Reihenfolge möglich
7 − 2 = 5
7 − 5 = 2

(2) (6) (8)

2 + 6 = 8
6 + 2 = 8
Andere Reihenfolge möglich
8 − 2 = 6
8 − 6 = 2

(3) (6) (9)

3 + 6 = 9
6 + 3 = 9
Andere Reihenfolge möglich
9 − 3 = 6
9 − 6 = 3

1

(2) (8) (10)

8 + 2 = 10
2 + 8 = 10
10 − 8 = 2
10 − 2 = 8

(1) (7) (8)

7 + 1 = 8
1 + 7 = 8
8 − 7 = 1
8 − 1 = 7

(2) (3) (5)

3 + 2 = 5
2 + 3 = 5
5 − 2 = 3
5 − 3 = 2

2

(1) (9) (10)

1 + 9 = 10
9 + 1 = 10
Andere Reihenfolge möglich
10 − 9 = 1
10 − 1 = 9

(1) (4) (5)

1 + 4 = 5
4 + 1 = 5
Andere Reihenfolge möglich
5 − 1 = 4
5 − 4 = 1

(3) (5) (8)

3 + 5 = 8
5 + 3 = 8
Andere Reihenfolge möglich
8 − 3 = 5
8 − 5 = 3

3

(2) (7) (9)

2 + 7 = 9
7 + 2 = 9
Andere Reihenfolge möglich
9 − 2 = 7
9 − 7 = 2

(4) (6) (10)

4 + 6 = 10
6 + 4 = 10
Andere Reihenfolge möglich
10 − 4 = 6
10 − 6 = 4

( ) ( ) ( )

_ + _ = _
_ + _ = _
_ − _ = _
_ − _ = _

Verschiedene Lösungen möglich

1

5 / 4 · 1	7 / 5 · 2	6 / 5 · 1	10 / 8 · 2	9 / 7 · 2
4 / 2 · 2	5 / 3 · 2	10 / 5 · 5	7 / 4 · 3	8 / 4 · 4
6 / 4 · 2	5 / 1 · 4	8 / 5 · 3	9 / 4 · 5	10 / 3 · 7

2

1

6	
3	3

7	
5	2

8	
7	1

9	
4	5

10	
6	4

2

6		
	+	
	+	
	+	
	+	
	+	
	+	
	+	

7		
	+	
	+	
	+	
	+	
	+	
	+	
	+	
	+	

8		
	+	
	+	
	+	
	+	
	+	
	+	
	+	
	+	
	+	

Verschiedene Lösungen möglich

9		
	+	
	+	
	+	
	+	
	+	
	+	
	+	
	+	
	+	
	+	

10		
	+	
	+	
	+	
	+	
	+	
	+	
	+	
	+	
	+	
	+	
	+	

1

1 2 3 4 5 6 7 8 9 10

11 12 13 14 15 16 17 18 19 20

2	3	4	5
10 + 0 = 10	2 + 10 = 12	13 = 3 + 10	11 = 10 + 1
10 + 1 = 11	4 + 10 = 14	12 = 2 + 10	13 = 10 + 3
10 + 2 = 12	1 + 10 = 11	10 = 0 + 10	10 = 10 + 0
10 + 3 = 13	3 + 10 = 13	15 = 5 + 10	14 = 10 + 4
10 + 4 = 14	0 + 10 = 10	11 = 1 + 10	12 = 10 + 2
10 + 5 = 15	7 + 10 = 17	14 = 4 + 10	16 = 10 + 6
10 + 6 = 16	5 + 10 = 15	18 = 8 + 10	18 = 10 + 8
10 + 7 = 17	10 + 10 = 20	17 = 7 + 10	15 = 10 + 5
10 + 8 = 18	6 + 10 = 16	19 = 9 + 10	20 = 10 + 10
10 + 9 = 19	9 + 10 = 19	20 = 10 + 10	17 = 10 + 7
10 + 10 = 20	8 + 10 = 18	16 = 6 + 10	19 = 10 + 9

1

10 – 10 = 0
11 – 10 = 1
12 – 10 = 2
13 – 10 = 3
14 – 10 = 4
15 – 10 = 5
16 – 10 = 6
17 – 10 = 7
18 – 10 = 8
19 – 10 = 9
20 – 10 = 10

2

12 – 10 = 2
15 – 10 = 5
10 – 10 = 0
14 – 10 = 4
11 – 10 = 1
13 – 10 = 3
17 – 10 = 7
16 – 10 = 6
19 – 10 = 9
20 – 10 = 10
18 – 10 = 8

3

13 – 3 = 10
14 – 4 = 10
12 – 2 = 10
15 – 5 = 10
10 – 0 = 10
11 – 1 = 10
18 – 8 = 10
20 – 10 = 10
16 – 6 = 10
19 – 9 = 10
17 – 7 = 10

4

10 = 14 – 4
10 = 10 – 0
10 = 15 – 5
10 = 13 – 3
10 = 11 – 1
10 = 16 – 6
10 = 12 – 2
10 = 18 – 8
10 = 20 – 10
10 = 19 – 9
10 = 17 – 7

5

13	17	16	15	18	19
10 | 3	7 | 10	10 | 6	5 | 10	10 | 8	9 | 10

1

+	2	1	5	0	3	8	4	10	7	9	6
10	12	11	15	10	13	18	14	20	17	19	16

–	3	5	1	4	2	0	9	6	8	10	7
10	7	5	9	6	8	10	1	4	2	0	3

2

+	10
5	15
7	17
6	16
9	19
8	18

+	3
4	7
3	6
6	9
7	10
5	8

+	5
3	8
4	9
1	6
2	7
5	10

–	2
8	6
6	4
9	7
10	8
7	5

–	4
6	2
8	4
10	6
7	3
9	5

–	6
7	1
10	4
6	0
9	3
8	2

1

(2) (7) (9)

2	+	7	=	9
7	+	2	=	9
9	–	2	=	7
9	–	7	=	2

(3) (7) (10)

7	+	3	=	10
3	+	7	=	10
10	–	3	=	7
10	–	7	=	3

(4) (5) (9)

5	+	4	=	9
4	+	5	=	9
9	–	4	=	5
9	–	5	=	4

2

(2) (10) (12)

2	+	10	=	12
10	+	2	=	12
12	–	2	=	10
12	–	10	=	2

(4) (10) (14)

4	+	10	=	14
10	+	4	=	14
14	–	4	=	10
14	–	10	=	4

Andere Reihenfolge möglich

(5) (10) (15)

5	+	10	=	15
10	+	5	=	15
15	–	5	=	10
15	–	10	=	5

Andere Reihenfolge möglich

3

(3) (10) (13)

3	+	10	=	13
10	+	3	=	13
13	–	3	=	10
13	–	10	=	3

Andere Reihenfolge möglich

(6) (10) (16)

6	+	10	=	16
10	+	6	=	16
16	–	6	=	10
16	–	10	=	6

Andere Reihenfolge möglich

( ) ( ) ( )

	+		=	
			=	
	–			
	–		=	

Verschiedene Lösungen möglich

1

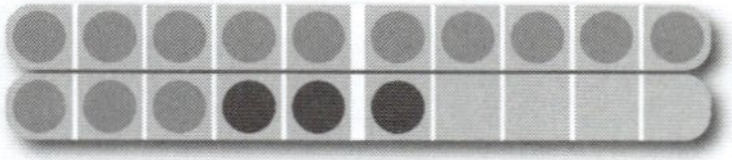
13 + 3 = 16

3 + 3 = 6

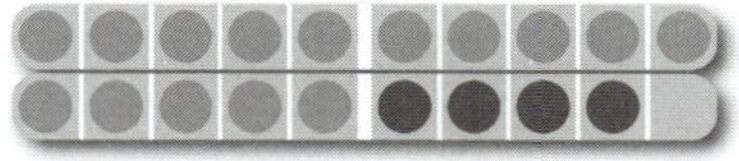
15 + 4 = 19

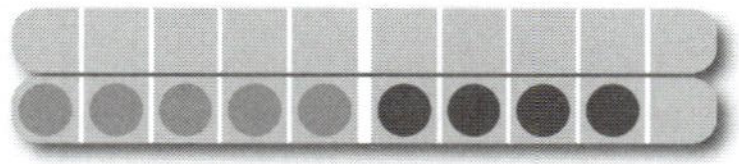
5 + 4 = 9

2

11 + 6 = 17
1 + 6 = 7

14 + 3 = 17
4 + 3 = 7

11 + 5 = 16
1 + 5 = 6

12 + 3 = 15
2 + 3 = 5

12 + 4 = 16
2 + 4 = 6

3

16 + 3 = 19
6 + 3 = 9

11 + 3 = 14
1 + 3 = 4

13 + 5 = 18
3 + 5 = 8

14 + 6 = 20
4 + 6 = 10

11 + 4 = 15
1 + 4 = 5

4

12 + 8 = 20
2 + 8 = 10

13 + 4 = 17
3 + 4 = 7

15 + 3 = 18
5 + 3 = 8

12 + 6 = 18
2 + 6 = 8

11 + 9 = 20
1 + 9 = 10

5

14 + 4 = 18
4 + 4 = 8

13 + 7 = 20
3 + 7 = 10

11 + 8 = 19
1 + 8 = 9

15 + 5 = 20
5 + 5 = 10

12 + 5 = 17
2 + 5 = 7

6

13 + 6 = 19
3 + 6 = 9

16 + 4 = 20
6 + 4 = 10

11 + 7 = 18
1 + 7 = 8

14 + 5 = 19
4 + 5 = 9

12 + 7 = 19
2 + 7 = 9

1

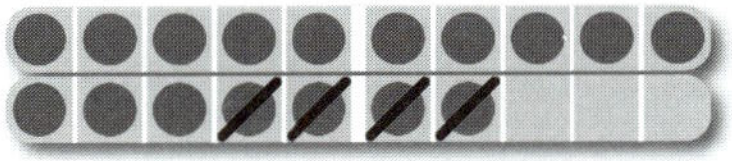
17 – 4 = 13

7 – 4 = 3

15 – 3 = 12

5 – 3 = 2

2

17 – 3 = 14
7 – 3 = 4

19 – 4 = 15
9 – 4 = 5

19 – 3 = 16
9 – 3 = 6

20 – 4 = 16
10 – 4 = 6

17 – 6 = 11
7 – 6 = 1

3

18 – 3 = 15
8 – 3 = 5

16 – 3 = 13
6 – 3 = 3

19 – 5 = 14
9 – 5 = 4

14 – 3 = 11
4 – 3 = 1

16 – 4 = 12
6 – 4 = 2

4

20 – 6 = 14
10 – 6 = 4

16 – 5 = 11
6 – 5 = 1

18 – 4 = 14
8 – 4 = 4

20 – 5 = 15
10 – 5 = 5

15 – 4 = 11
5 – 4 = 1

5

20 – 7 = 13
10 – 7 = 3

19 – 6 = 13
9 – 6 = 3

17 – 5 = 12
7 – 5 = 2

18 – 5 = 13
8 – 5 = 3

19 – 8 = 11
9 – 8 = 1

6

18 – 7 = 11
8 – 7 = 1

20 – 8 = 12
10 – 8 = 2

18 – 6 = 12
8 – 6 = 2

20 – 9 = 11
10 – 9 = 1

19 – 7 = 12
9 – 7 = 2

1

+	4
12	16
2	6

+	5
13	18
3	8

+	8
11	19
1	9

+	6
12	18
2	8

+	6
13	19
3	9

+	6
14	20
4	10

+	5
14	19
4	9

+	4
14	18
4	8

+	7
11	18
1	8

+	7
13	20
3	10

+	7
12	19
2	9

+	6
11	17
1	7

2

–	3
15	12
5	2

–	5
16	11
6	1

–	5
17	12
7	2

–	6
20	14
10	4

–	7
18	11
8	1

–	8
19	11
9	1

–	3
17	14
7	4

–	4
18	14
8	4

–	4
19	15
9	5

–	6
18	12
8	2

–	7
19	12
9	2

–	9
20	11
10	1

1

	19	
13		6
10	3	3

	16	
4		12
2	2	10

	13	
11		2
10	1	1

	10	
0		10
0	0	10

	19	
14		5
10	4	1

	20	
5		15
0	5	10

	16	
8		8
4	4	4

	20	
10		10
5	5	5

	17	
10		7
4	6	1

	19	
9		10
1	8	2

	16	
10		6
7	3	3

	18	
8		10
4	4	6

2

10	9	8	7	6	5	4	3	2	1
20	19	18	17	16	15	14	13	12	11

1

8 + 5 = 13
8 + 2 + 3 = 13

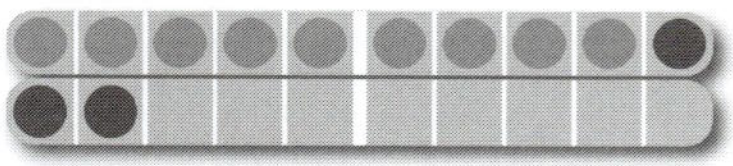
9 + 3 = 12
9 + 1 + 2 = 12

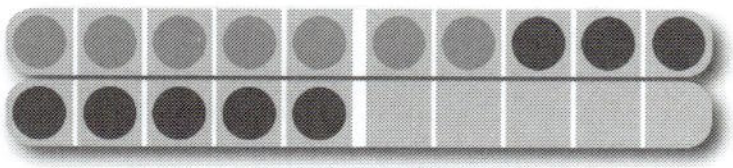
7 + 8 = 15
7 + 3 + 5 = 15

8 + 3 = 11
8 + 2 + 1 = 11

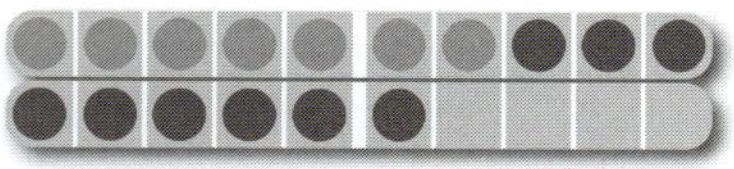
7 + 9 = 16
7 + 3 + 6 = 16

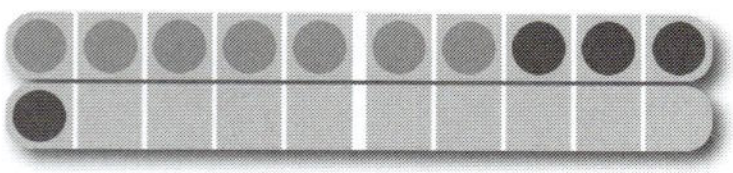
7 + 4 = 11
7 + 3 + 1 = 11

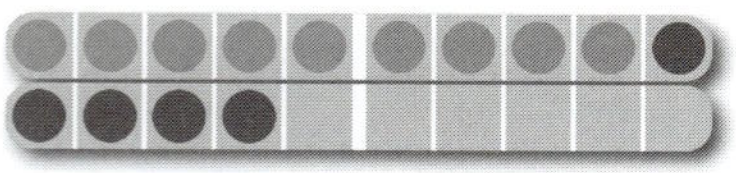
9 + 5 = 14
9 + 1 + 4 = 14

2

9 + 4 = 13
9 + 1 + 3 = 13

8 + 6 = 14
8 + 2 + 4 = 14

7 + 5 = 12
7 + 3 + 2 = 12

9 + 7 = 16
9 + 1 + 6 = 16

5 + 6 = 11
5 + 5 + 1 = 11

5 + 8 = 13
5 + 5 + 3 = 13

5 + 7 = 12
5 + 5 + 2 = 12

3

8 + 4 = 12
8 + 2 + 2 = 12

6 + 8 = 14
6 + 4 + 4 = 14

8 + 7 = 15
8 + 2 + 5 = 15

9 + 6 = 15
9 + 1 + 5 = 15

6 + 7 = 13
6 + 4 + 4 = 14

9 + 2 = 11
9 + 1 + 1 = 11

9 + 8 = 17
9 + 1 + 7 = 17

1

8 + 6 = 14
8 + 2 + 4 = 14

8 + 4 = 12
8 + 2 + 2 = 12

9 + 3 = 12
9 + 1 + 2 = 12

7 + 4 = 11
7 + 3 + 1 = 11

7 + 8 = 15
7 + 3 + 5 = 15

9 + 5 = 14
9 + 1 + 4 = 14

8 + 3 = 11
8 + 2 + 1 = 11

2

9 + 6 = 15
9 + 1 + 5 = 15

9 + 2 = 11
9 + 1 + 1 = 11

6 + 5 = 11
6 + 4 + 1 = 11

7 + 6 = 13
7 + 3 + 3 = 13

8 + 7 = 15
8 + 2 + 5 = 15

7 + 5 = 12
7 + 3 + 2 = 12

6 + 8 = 14
6 + 4 + 4 = 14

3

8 + 3 = 11
8 + 2 + 1 = 11

8 + 5 = 13
8 + 2 + 3 = 13

7 + 9 = 16
7 + 3 + 6 = 16

9 + 4 = 13
9 + 1 + 3 = 13

5 + 7 = 12
5 + 5 + 2 = 12

8 + 4 = 12
8 + 2 + 2 = 12

5 + 6 = 11
5 + 5 + 1 = 11

4

9 + 7 = 16
9 + 1 + 6 = 16

6 + 8 = 14
6 + 4 + 4 = 14

8 + 9 = 17
8 + 2 + 7 = 17

9 + 5 = 14
9 + 1 + 4 = 14

5 + 8 = 13
5 + 5 + 3 = 13

9 + 8 = 17
9 + 1 + 7 = 17

6 + 7 = 13
6 + 4 + 3 = 13

1

12 – 3 = 9
12 – 2 – 1 = 9

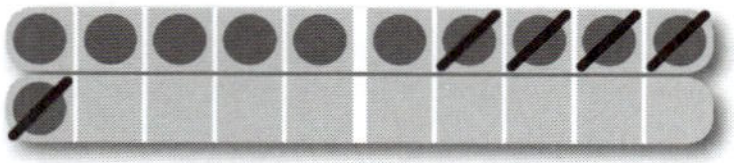

11 – 5 = 6
11 – 1 – 4 = 6

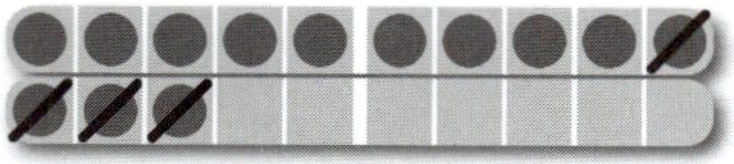

13 – 4 = 9
13 – 3 – 1 = 9

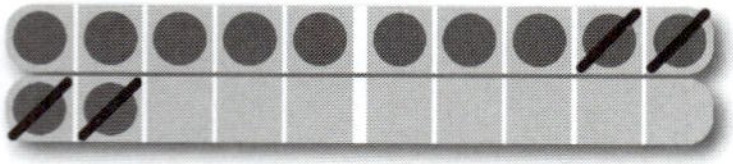

12 – 4 = 8
12 – 2 – 2 = 8

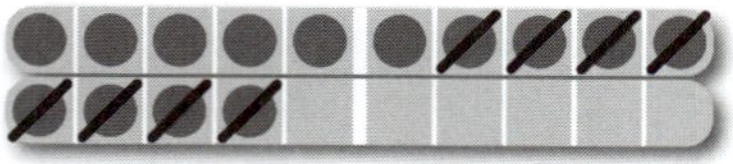

14 – 8 = 6
14 – 4 – 4 = 6

13 – 8 = 5
13 – 3 – 5 = 5

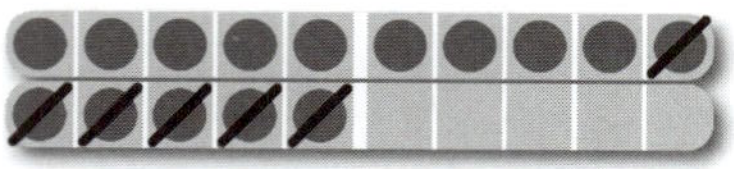

15 – 6 = 9
15 – 5 – 1 = 9

2

11 – 2 = 9
11 – 1 – 1 = 9

12 – 5 = 7
12 – 2 – 3 = 7

14 – 6 = 8
14 – 4 – 2 = 8

13 – 6 = 7
13 – 3 – 3 = 7

15 – 8 = 7
15 – 5 – 3 = 7

13 – 5 = 8
13 – 3 – 2 = 8

12 – 7 = 5
12 – 2 – 5 = 5

3

14 – 5 = 9
14 – 4 – 1 = 9

13 – 7 = 6
13 – 3 – 4 = 6

11 – 6 = 5
11 – 1 – 5 = 5

15 – 7 = 8
15 – 5 – 5 = 5

11 – 4 = 7
11 – 1 – 3 = 7

12 – 8 = 4
12 – 2 – 6 = 4

15 – 9 = 6
15 – 5 – 4 = 6

1

13 – 5 = 8
13 – 3 – 2 = 8

11 – 4 = 7
11 – 1 – 3 = 7

13 – 6 = 7
13 – 3 – 3 = 7

14 – 9 = 5
14 – 4 – 5 = 5

12 – 4 = 8
12 – 2 – 2 = 8

15 – 6 = 9
15 – 5 – 1 = 9

11 – 5 = 6
11 – 1 – 4 = 6

2

13 – 4 = 9
13 – 3 – 1 = 9

12 – 3 = 9
12 – 2 – 1 = 9

16 – 9 = 7
16 – 6 – 3 = 7

14 – 6 = 8
14 – 4 – 2 = 8

15 – 8 = 7
15 – 5 – 3 = 7

17 – 9 = 8
17 – 7 – 2 = 8

11 – 6 = 5
11 – 1 – 5 = 5

3

12 – 5 = 7
12 – 2 – 3 = 7

11 – 3 = 8
11 – 1 – 2 = 8

15 – 7 = 8
15 – 5 – 2 = 8

11 – 2 = 9
11 – 1 – 1 = 9

14 – 5 = 9
14 – 4 – 1 = 9

13 – 9 = 4
13 – 3 – 6 = 4

12 – 9 = 3
12 – 2 – 7 = 3

4

16 – 7 = 9
16 – 6 – 1 = 9

13 – 7 = 6
13 – 3 – 4 = 6

14 – 8 = 6
14 – 4 – 4 = 6

12 – 7 = 5
12 – 2 – 5 = 5

11 – 7 = 4
11 – 1 – 6 = 4

17 – 8 = 9
17 – 7 – 1 = 9

15 – 9 = 6
15 – 5 – 4 = 6

1

1 + 1 = 2
2 + 2 = 4
3 + 3 = 6
4 + 4 = 8
5 + 5 = 10
6 + 6 = 12
7 + 7 = 14
8 + 8 = 16
9 + 9 = 18
10 + 10 = 20

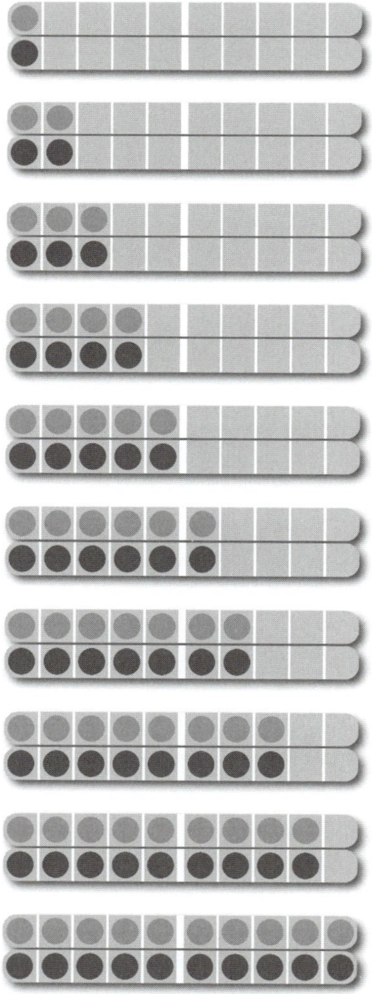

2 = 1 + 1
4 = 2 + 2
6 = 3 + 3
8 = 4 + 4
10 = 5 + 5
12 = 6 + 6
14 = 7 + 7
16 = 8 + 8
18 = 9 + 9
20 = 10 + 10

2

5 + 5 = 10
4 + 4 = 8
7 + 7 = 14
6 + 6 = 12
10 + 10 = 20
8 + 8 = 16
9 + 9 = 18

3

14 = 7 + 7
10 = 5 + 5
18 = 9 + 9
16 = 8 + 8
20 = 10 + 10
12 = 6 + 6

1

2 / 1 1	4 / 2 2	2 / 1 1	8 / 4 4	6 / 3 3
8 / 4 4	4 / 2 2	6 / 3 3	10 / 5 5	12 / 6 6
20 / 10 10	18 / 9 9	12 / 6 6	10 / 5 5	16 / 8 8
20 / 10 10	18 / 9 9	14 / 7 7	16 / 8 8	14 / 7 7

2

1

2 + 7 = 9
7 + 2 = 9

3 + 12 = 15
12 + 3 = 15

3 + 9 = 12
9 + 3 = 12

6 + 11 = 17
11 + 6 = 17

3 + 13 = 16
13 + 3 = 16

5 + 14 = 19
14 + 5 = 19

2

3 + 13 = 16
13 + 3 = 16

3 + 16 = 19
16 + 3 = 19

6 + 12 = 18
12 + 6 = 18

4 + 14 = 18
14 + 4 = 18

2 + 15 = 17
15 + 2 = 17

_ + _ = _
_ + _ = _

Verschiedene Lösungen möglich

3

1

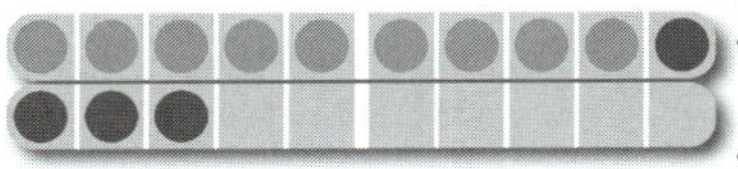

$9 + 4 = 13$

$9 + 1 + 3 = 13$

$8 + 5 = 13$
$8 + 2 + 3 = 13$

$7 + 4 = 11$
$7 + 3 + 1 = 11$

$9 + 3 = 12$
$9 + 1 + 2 = 12$

$7 + 5 = 12$
$7 + 3 + 2 = 12$

$7 + 6 = 13$
$7 + 3 + 3 = 13$

$8 + 3 = 11$
$8 + 2 + 1 = 11$

$9 + 2 = 11$
$9 + 1 + 1 = 11$

$9 + 5 = 14$
$9 + 1 + 4 = 14$

$8 + 4 = 12$
$8 + 2 + 2 = 12$

$6 + 5 = 11$
$6 + 4 + 1 = 11$

$7 + 8 = 15$
$7 + 3 + 5 = 15$

$9 + 6 = 15$
$9 + 1 + 5 = 15$

2

$12 - 5 = 7$

$12 - 2 - 3 = 7$

$11 - 3 = 8$
$11 - 1 - 2 = 8$

$13 - 4 = 9$
$13 - 3 - 1 = 9$

$14 - 5 = 9$
$14 - 4 - 1 = 9$

$12 - 4 = 8$
$12 - 2 - 2 = 8$

$13 - 5 = 8$
$13 - 3 - 2 = 8$

$11 - 2 = 9$
$11 - 1 - 1 = 9$

$11 - 4 = 7$
$11 - 1 - 3 = 7$

$15 - 9 = 6$
$15 - 5 - 4 = 6$

$15 - 6 = 9$
$15 - 5 - 1 = 9$

$12 - 8 = 4$
$12 - 2 - 6 = 4$

$16 - 9 = 7$
$16 - 6 - 3 = 7$

$17 - 8 = 9$
$17 - 7 - 1 = 9$

1

+	3
12	15
2	5

+	3
15	18
5	8

+	5
11	16
1	6

+	3
16	19
6	9

+	6
12	18
2	8

+	7
13	20
3	10

+	4
13	17
3	7

+	5
12	17
2	7

+	7
11	18
1	8

+	4
14	18
4	8

+	5
15	20
5	10

+	4
12	16
2	6

2

$15 + 4 = 19$
$5 + 4 = 9$

$11 + 8 = 19$
$1 + 8 = 9$

$13 + 5 = 18$
$3 + 5 = 8$

$12 + 8 = 20$
$2 + 8 = 10$

$12 + 7 = 19$
$2 + 7 = 9$

$13 + 6 = 19$
$3 + 6 = 9$

$11 + 6 = 17$
$1 + 6 = 7$

$11 + 9 = 20$
$1 + 9 = 10$

3

$11 + 5 = 16$
$1 + 5 = 6$

$13 + 6 = 19$
$3 + 6 = 9$

$15 + 4 = 19$
$5 + 4 = 9$

$12 + 4 = 16$
$2 + 4 = 6$

$12 + 5 = 17$
$2 + 5 = 7$

$14 + 5 = 19$
$4 + 5 = 9$

$15 + 3 = 18$
$5 + 3 = 8$

$13 + 3 = 16$
$3 + 3 = 6$

1

−	3
14	11
4	1

−	4
15	11
5	1

−	5
17	12
7	2

−	5
18	13
8	3

−	5
20	15
10	5

−	6
18	12
8	2

−	4
17	13
7	3

−	5
16	11
6	1

−	7
19	12
9	2

−	3
15	12
5	2

−	3
16	13
6	3

−	4
19	15
9	5

2

18 − 5 = 13
8 − 5 = 3

19 − 6 = 13
9 − 6 = 3

16 − 4 = 12
6 − 4 = 2

17 − 6 = 11
7 − 6 = 1

19 − 5 = 14
9 − 5 = 4

20 − 8 = 12
10 − 8 = 2

20 − 7 = 13
10 − 7 = 3

19 − 8 = 11
9 − 8 = 1

3

15 − 3 = 12
5 − 3 = 2

17 − 5 = 12
7 − 5 = 2

18 − 4 = 14
8 − 4 = 4

19 − 8 = 11
9 − 8 = 1

18 − 7 = 11
8 − 7 = 1

18 − 6 = 12
8 − 6 = 2

16 − 4 = 12
6 − 4 = 2

17 − 6 = 11
7 − 6 = 1

1

3 + 3 = 6
5 + 5 = 10
1 + 1 = 2
4 + 4 = 8
2 + 2 = 4
7 + 7 = 14
10 + 10 = 20
6 + 6 = 12
9 + 9 = 18
8 + 8 = 16

1 + 1 = 2
4 + 4 = 8
2 + 2 = 4
3 + 3 = 6
7 + 7 = 14
5 + 5 = 10
10 + 10 = 20
6 + 6 = 12
9 + 9 = 18
8 + 8 = 16

2

14	
7	7

18	
9	9

20	
10	10

10	
5	5

12	
6	6

16	
8	8

3

(2) (8) (10)

2 + 8 = 10
8 + 2 = 10
10 − 2 = 8
10 − 8 = 2

(8) (10) (18)

8 + 10 = 18
10 + 8 = 18
18 − 8 = 10
18 − 10 = 8

(3) (9) (12)

9 + 3 = 12
3 + 9 = 12
12 − 3 = 9
12 − 9 = 3

(5) (6) (11)

5 + 6 = 11
6 + 5 = 11
Andere Reihenfolge möglich
11 − 5 = 6
11 − 6 = 5

(4) (8) (12)

4 + 8 = 12
8 + 4 = 12
Andere Reihenfolge möglich
12 − 4 = 8
12 − 8 = 4

( ) ( ) ( )

_ + _ = _
_ + _ = _
_ − _ = _
_ − _ = _

Verschiedene Lösungen möglich

1

11 – 9 = 2
9 + 2 = 11

9 – 8 = 1
8 + 1 = 9

10 – 7 = 3
7 + 3 = 10

9 – 7 = 2
7 + 2 = 9

10 – 9 = 1
9 + 1 = 10

12 – 8 = 4
8 + 4 = 12

2

8 – 7 = 1
7 + 1 = 8

10 – 8 = 2
8 + 2 = 10

12 – 11 = 1
11 + 1 = 12

9 – 6 = 3
6 + 3 = 9

8 – 6 = 2
6 + 2 = 8

11 – 8 = 3
8 + 3 = 11

3

7 – 6 = 1
6 + 1 = 7

12 – 9 = 3
9 + 3 = 12

7 – 5 = 2
5 + 2 = 7

11 – 7 = 4
7 + 4 = 11

13 – 8 = 5
8 + 5 = 13

11 – 6 = 5
6 + 5 = 11

4

15 – 14 = 1
14 + 1 = 15

16 – 13 = 3
13 + 3 = 16

15 – 11 = 4
11 + 4 = 15

17 – 12 = 5
12 + 5 = 17

20 – 15 = 5
15 + 5 = 20

16 – 12 = 4
12 + 3 = 15 ✗

5

17 – 15 = 2
15 + 2 = 17

14 – 11 = 3
11 + 3 = 14

18 – 13 = 5
13 + 5 = 18

19 – 15 = 4
15 + 1 = 16 ✗

19 – 14 = 5
14 + 5 = 19

20 – 16 = 4
16 + 4 = 20

1

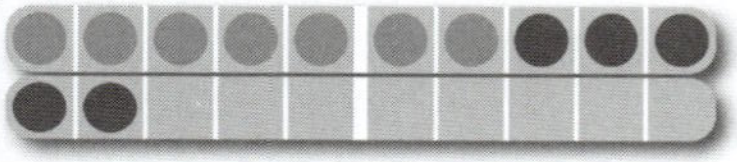

7 + 5 = 12
7 + 3 + 2 = 12

9 + 4 = 13
9 + 1 + 3 = 13

8 + 6 = 14
8 + 2 + 4 = 14

6 + 5 = 11
6 + 4 + 1 = 11

7 + 8 = 15
7 + 3 + 5 = 15

9 + 3 = 12
9 + 1 + 2 = 12

8 + 5 = 13
8 + 2 + 3 = 13

9 + 2 = 11
9 + 1 + 1 = 11

8 + 4 = 12
8 + 2 + 2 = 12

7 + 4 = 11
7 + 3 + 1 = 11

9 + 5 = 14
9 + 1 + 4 = 14

7 + 6 = 13
7 + 3 + 3 = 13

8 + 7 = 15
8 + 2 + 5 = 15

2

13 – 7 = 6
13 – 3 – 4 = 6

11 – 6 = 5
11 – 1 – 5 = 5

12 – 5 = 7
12 – 2 – 3 = 7

14 – 6 = 8
14 – 4 – 2 = 8

13 – 8 = 5
13 – 3 – 5 = 5

15 – 9 = 6
15 – 5 – 4 = 6

11 – 3 = 8
11 – 1 – 2 = 8

12 – 4 = 8
12 – 2 – 2 = 8

13 – 4 = 9
13 – 3 – 1 = 9

16 – 7 = 9
16 – 6 – 1 = 9

17 – 9 = 8
17 – 7 – 2 = 8

15 – 7 = 8
15 – 5 – 2 = 8

15 – 8 = 7
15 – 5 – 3 = 7

1

6 + 6 = 12
5 + 5 = 10
1 + 1 = 2
7 + 7 = 14
2 + 2 = 4
8 + 8 = 16
10 + 10 = 20
9 + 9 = 18

2

8 = 4 + 4
6 = 3 + 3
12 = 6 + 6
16 = 8 + 8
20 = 10 + 10
14 = 7 + 7
18 = 9 + 9
10 = 5 + 5

3

4 = 2 + 2
2 = 1 + 1
10 = 5 + 5
14 = 7 + 7
12 = 6 + 6
18 = 9 + 9
16 = 8 + 8
20 = 10 + 10

4

8 = 4 + 4
10 = 5 + 5
6 = 3 + 3
18 = 9 + 9
16 = 8 + 8
20 = 10 + 10
12 = 6 + 6
14 = 7 + 7

5

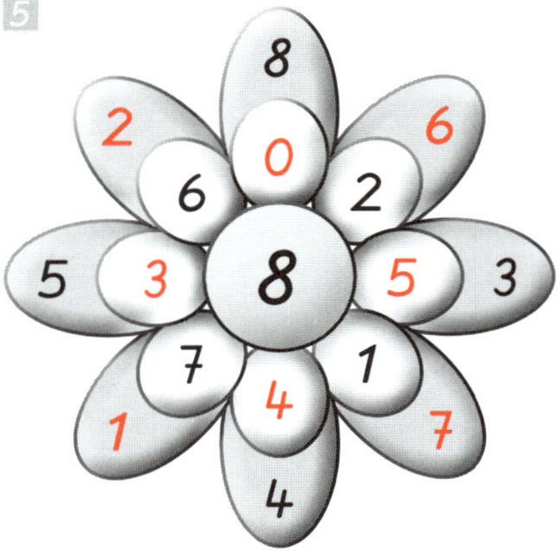

1

1 + 2 + 3 + 4 + 5 = 15

2 + 3 + 4 + 5 + 6 = 20

1 + 1 + 2 + 4 + 8 = 16

20 − 1 − 2 − 3 − 4 = 10

10 − 4 − 3 − 2 − 1 = 0

2

10 − 2 + 3 − 6 + 5 = 10

5 + 10 − 10 + 5 − 10 = 0

___ + ___ − ___ ○ ___ ○ ___ = ___

___ ○ ___ ○ ___ ○ ___ ○ ___ = ___

___ ○ ___ ○ ___ ○ ___ ○ ___ = ___

Verschiedene Lösungen möglich

3

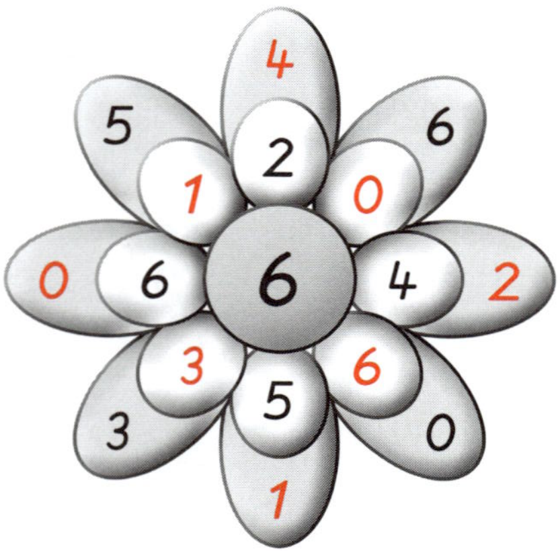

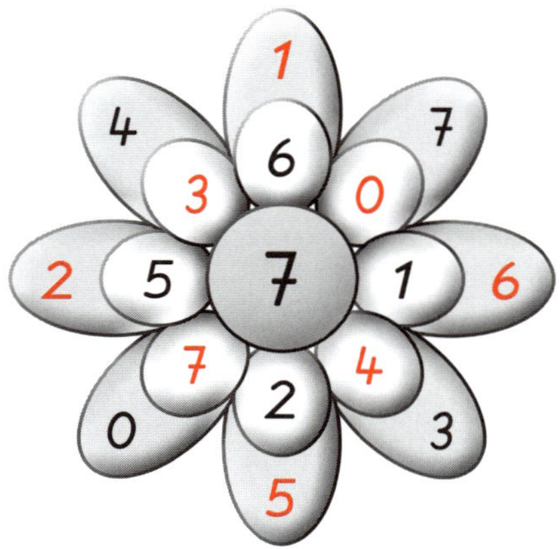

1

4	10	20
2 2	5 5	10 10

6	12	8
3 3	6 6	4 4

16	18	14
8 8	9 9	7 7

2

4	10	6
2 2	5 5	3 3

8	12	16
4 4	6 6	8 8

14	20	18
7 7	10 10	9 9

3

5 + 4 = 9	4 + 5 = 9	5 + 6 = 11	9 + 8 = 17	8 + 7 = 15
5 + 5 = 10	4 + 4 = 8	5 + 5 = 10	8 + 8 = 16	7 + 7 = 14
7 + 6 = 13	5 + 6 = 11	7 + 6 = 13	9 + 8 = 17	7 + 8 = 15
6 + 6 = 12	6 + 6 = 12	7 + 7 = 14	9 + 9 = 18	8 + 8 = 16
6 + 5 = 11	4 + 5 = 9	6 + 5 = 11	6 + 7 = 13	8 + 9 = 17
5 + 5 = 10	5 + 5 = 10	6 + 6 = 12	7 + 7 = 14	9 + 9 = 18
5 + 4 = 9	6 + 7 = 13	7 + 8 = 15	8 + 9 = 17	8 + 7 = 15
4 + 4 = 8	6 + 6 = 12	7 + 7 = 14	8 + 8 = 16	8 + 8 = 16

1

$4+5=4+4+1$

$8+7=8+8-1$

$5+6=6+6-1$

$6+5=5+5+1$

$5+4=5+5-1$

$7+8=7+7+1$

2

$6+5=6+6-1$

$4+5=5+5-1$

$8+7=7+7+1$

$5+6=5+5+1$

$7+6=7+7-1$

$6+5=6+6-1$

3

$6+7=6+6+1$

$5+4=4+4+1$

$7+8=8+8-1$

$7+6=6+6+1$

$6+5=5+5+1$

$7+6=7+7-1$

4

$9+8=8+8+1$

$6+7=7+7-1$

$7+6=6+6+1$

$8+9=8+8+1$

$8+9=9+9-1$

$9+8=9+9-1$

5

$4+5=9$	$6+5=11$	$8+7=15$	$8+9=17$	$5+6=11$
$4+4=8$	$5+5=10$	$8+8=16$	$9+9=18$	$5+5=10$
$7+6=13$	$8+7=15$	$9+8=17$	$6+7=13$	$7+8=15$
$6+6=12$	$7+7=14$	$9+9=18$	$7+7=14$	$8+8=16$
$5+4=9$	$5+4=9$	$6+7=13$	$4+5=9$	$9+8=17$
$4+4=8$	$5+5=10$	$6+6=12$	$5+5=10$	$8+8=16$

1

6 + 7 = 13
7 + 7 = 14

6 + 5 = 11
6 + 6 = 12

8 + 9 = 17
8 + 8 = 16

7 + 6 = 13
6 + 6 = 12

8 + 7 = 15
7 + 7 = 14

5 + 4 = 9
5 + 5 = 10

7 + 6 = 13
7 + 7 = 14

5 + 6 = 11
6 + 6 = 12

8 + 7 = 15
8 + 8 = 16

9 + 8 = 17
9 + 9 = 18

7 + 8 = 15
7 + 7 = 14

6 + 7 = 13
6 + 6 = 12

9 + 8 = 17
8 + 8 = 16

8 + 9 = 17
9 + 9 = 18

7 + 8 = 15
8 + 8 = 16

2

+	4
5	9
4	8

+	5
6	11
5	10

+	5
4	9
5	10

+	9
8	17
9	18

+	7
6	13
7	14

+	8
7	15
8	16

+	5	4
4	9	8

+	6	5
5	11	10

+	4	5
5	9	10

+	8	9
9	17	18

+	7	8
8	15	16

1

+	6	7
7	13	14
6	12	13

+	5	6
6	11	12
5	10	11

+	9	8
8	17	16
9	18	17

+	8	7
7	15	14
8	16	15

2

9
4 5
1 3 2

11
6 5
4 2 3

9
5 4
1 4 0

11
5 6
4 1 5

13
7 6
5 2 4

15
7 8
4 3 5

13
6 7
1 5 2

17
9 8
5 4 4

15
8 7
6 2 5

17
8 9
5 3 6

15
8 7
5 3 4

17
9 8
4 5 3

15
7 8
3 4 4

17
8 9
4 4 5

13
7 6
4 3 3

1

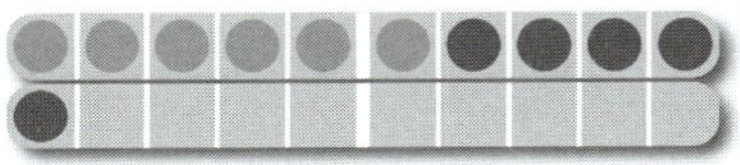

$6 + 5 = 11$

$6 + 4 + 1 = 11$

$7 + 5 = 12$
$7 + 3 + 2 = 12$

$9 + 6 = 15$
$9 + 1 + 5 = 15$

$8 + 6 = 14$
$8 + 2 + 4 = 14$

$7 + 6 = 13$
$7 + 3 + 3 = 13$

$9 + 7 = 16$
$9 + 1 + 6 = 16$

$8 + 7 = 15$
$8 + 2 + 5 = 15$

$8 + 4 = 12$
$8 + 2 + 2 = 12$

$7 + 4 = 11$
$7 + 3 + 1 = 11$

$8 + 3 = 11$
$8 + 2 + 1 = 11$

$9 + 5 = 14$
$9 + 1 + 4 = 14$

$7 + 8 = 15$
$7 + 3 + 5 = 15$

$6 + 7 = 13$
$6 + 4 + 3 = 13$

2

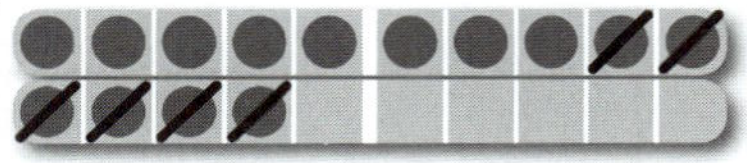

$14 - 6 = 8$

$14 - 4 - 2 = 8$

$15 - 8 = 7$
$15 - 5 - 3 = 7$

$16 - 9 = 7$
$16 - 6 - 3 = 7$

$13 - 8 = 5$
$13 - 3 - 5 = 5$

$14 - 8 = 6$
$14 - 4 - 4 = 6$

$12 - 7 = 5$
$12 - 2 - 5 = 5$

$11 - 5 = 6$
$11 - 1 - 4 = 6$

$13 - 6 = 7$
$13 - 3 - 3 = 7$

$12 - 5 = 7$
$12 - 2 - 3 = 7$

$16 - 7 = 9$
$16 - 6 - 1 = 9$

$17 - 8 = 9$
$17 - 7 - 1 = 9$

$17 - 9 = 8$
$17 - 7 - 2 = 8$

$15 - 9 = 6$
$15 - 5 - 4 = 6$

1

+	2	3	1	7	5	4	8	6	10	9
10	12	13	11	17	15	14	18	16	20	19

2

+	10
4	14
3	13
2	12
6	16
5	15

+	10
1	11
7	17
10	20
8	18
9	19

–	10
12	2
15	5
11	1
13	3
16	6

–	10
14	4
20	10
18	8
17	7
19	9

3

14	
4	10

15	
5	10

18	
8	10

13	
3	10

16	
10	6

20	
10	10

19	
10	9

17	
10	7

4

19 = 9 + 10
17 = 7 + 10
18 = 8 + 10
20 = 10 + 10
16 = 6 + 10

5

18 = 10 + 8
16 = 10 + 6
17 = 10 + 7
20 = 10 + 10
19 = 10 + 9

6

16 – 6 = 10
20 – 10 = 10
18 – 8 = 10
19 – 9 = 10
17 – 7 = 10

7

10 = 16 – 6
10 = 17 – 7
10 = 20 – 10
10 = 19 – 9
10 = 18 – 8

1

(3) (10) (13)

3	+	10	=	13
10	+	3	=	13
13	–	3	=	10
13	–	10	=	3

(6) (10) (16)

10	+	6	=	16
6	+	10	=	16
16	–	6	=	10
16	–	10	=	6

(4) (10) (14)

4	+	10	=	14
10	+	4	=	14
14	–	10	=	4
14	–	4	=	10

2

(8) (10) (18)

8	+	10	=	18
10	+	8	=	18
18	–	8	=	10
18	–	10	=	8

(5) (10) (15)

5	+	10	=	15
10	+	5	=	15
15	–	5	=	10
15	–	10	=	5

Andere Reihenfolge möglich

(7) (10) (17)

7	+	10	=	17
10	+	7	=	17
17	–	7	=	10
17	–	10	=	7

Andere Reihenfolge möglich

3

(2) (10) (12)

2	+	10	=	12
10	+	2	=	12
12	–	2	=	10
12	–	10	=	2

Andere Reihenfolge möglich

(9) (10) (19)

9	+	10	=	19
10	+	9	=	19
19	–	9	=	10
19	–	10	=	9

Andere Reihenfolge möglich

(1) (10) (11)

1	+	10	=	11
10	+	1	=	11
11	–	1	=	10
11	–	10	=	1

Andere Reihenfolge möglich

1

$4 + 9 = 13$
$4 + 10 - 1 = 13$

$3 + 9 = 12$
$3 + 10 - 1 = 12$

$5 + 9 = 14$
$5 + 10 - 1 = 14$

$2 + 9 = 11$
$2 + 10 - 1 = 11$

$6 + 9 = 15$
$6 + 10 - 1 = 15$

$8 + 9 = 17$
$8 + 10 - 1 = 17$

$7 + 9 = 16$
$7 + 10 - 1 = 16$

2

$3 + 11 = 14$
$3 + 10 + 1 = 14$

$5 + 11 = 16$
$5 + 10 + 1 = 16$

$4 + 11 = 15$
$4 + 10 + 1 = 15$

$8 + 11 = 19$
$8 + 10 + 1 = 19$

$7 + 11 = 18$
$7 + 10 + 1 = 18$

$6 + 11 = 17$
$6 + 10 + 1 = 17$

$9 + 11 = 20$
$9 + 10 + 1 = 20$

3

$5 + 9 = 5 + 10 - 1$
$4 + 11 = 4 + 10 + 1$
$5 + 11 = 5 + 10 + 1$
$4 + 9 = 4 + 10 - 1$
$3 + 9 = 3 + 10 - 1$
$3 + 11 = 3 + 10 + 1$
$2 + 9 = 2 + 10 - 1$
$7 + 11 = 7 + 10 + 1$
$6 + 9 = 6 + 10 - 1$
$8 + 11 = 8 + 10 + 1$
$6 + 11 = 6 + 10 + 1$
$8 + 9 = 8 + 10 - 1$
$7 + 9 = 7 + 10 - 1$
$9 + 11 = 9 + 10 + 1$

1

$13 - 9 = 4$
$13 - 10 + 1 = 4$

$14 - 9 = 5$
$14 - 10 + 1 = 5$

$12 - 9 = 3$
$12 - 10 + 1 = 3$

$17 - 9 = 8$
$17 - 10 + 1 = 8$

$15 - 9 = 6$
$15 - 10 + 1 = 6$

$20 - 9 = 11$
$20 - 10 + 1 = 11$

$16 - 9 = 7$
$16 - 10 + 1 = 7$

2

$14 - 11 = 3$
$14 - 10 - 1 = 3$

$16 - 11 = 5$
$16 - 10 - 1 = 5$

$15 - 11 = 4$
$15 - 10 - 1 = 4$

$17 - 11 = 6$
$17 - 10 - 1 = 6$

$20 - 11 = 9$
$20 - 10 - 1 = 9$

$18 - 11 = 7$
$18 - 10 - 1 = 7$

$19 - 11 = 8$
$19 - 10 - 1 = 8$

3

$15 - 9 = 6$
$15 - 10 + 1 = 6$

$20 - 11 = 9$
$20 - 10 - 1 = 9$

$18 - 11 = 7$
$18 - 10 - 1 = 7$

$17 - 9 = 8$
$17 - 10 + 1 = 8$

$19 - 11 = 8$
$19 - 10 + 1 = 10$

$14 - 9 = 5$
$14 - 10 + 1 = 5$

$16 - 11 = 5$
$16 - 10 - 1 = 5$

1

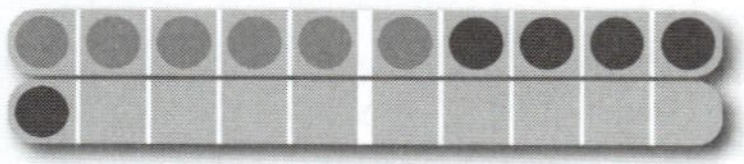

6 + 5 = 11
6 + 4 + 1 = 11

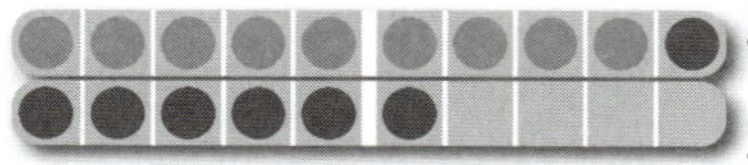

9 + 7 = 16
9 + 1 + 6 = 16

9 + 3 = 12
9 + 1 + 2 = 12

7 + 6 = 13
7 + 3 + 3 = 13

8 + 9 = 17
8 + 2 + 7 = 17

6 + 7 = 13
6 + 4 + 3 = 13

8 + 5 = 13
8 + 2 + 3 = 13

5 + 7 = 12
5 + 5 + 2 = 12

7 + 9 = 16
7 + 3 + 6 = 16

9 + 6 = 15
9 + 1 + 5 = 15

8 + 7 = 15
8 + 2 + 5 = 15

9 + 8 = 17
9 + 1 + 7 = 17

5 + 8 = 13
5 + 5 + 3 = 13

6 + 8 = 14
6 + 4 + 4 = 14

2

8 + 6 = 14
8 + 2 + 4 = 14

8 + 4 = 12
8 + 2 + 2 = 12

7 + 5 = 12
7 + 3 + 2 = 12

9 + 4 = 13
9 + 1 + 3 = 13

9 + 2 = 11
9 + 1 + 1 = 11

9 + 5 = 14
9 + 1 + 4 = 14

7 + 8 = 15
7 + 3 + 5 = 15

8 + 3 = 11
8 + 2 + 1 = 11

+ =
+ + =

Verschiedene Lösungen möglich

1

11 – 6 = 5
11 – 1 – 5 = 5

13 – 9 = 4
13 – 3 – 6 = 4

11 – 7 = 4 11 – 1 – 6 = 4	12 – 4 = 8 12 – 2 – 2 = 8	16 – 9 = 7 16 – 6 – 3 = 7	14 – 8 = 6 14 – 4 – 4 = 6
13 – 5 = 8 13 – 3 – 2 = 8	11 – 5 = 6 11 – 1 – 4 = 6	13 – 6 = 7 13 – 3 – 3 = 7	12 – 7 = 5 12 – 2 – 5 = 5
14 – 9 = 5 14 – 4 – 5 = 5	15 – 7 = 8 15 – 5 – 2 = 8	13 – 8 = 5 13 – 3 – 5 = 5	17 – 8 = 9 17 – 7 – 1 = 9

2

16 – 7 = 9 16 – 6 – 1 = 9	15 – 6 = 9 15 – 5 – 1 = 9	15 – 9 = 6 15 – 5 – 4 = 6
14 – 6 = 8 14 – 4 – 2 = 8	12 – 8 = 4 12 – 2 – 6 = 4	17 – 9 = 8 17 – 7 – 2 = 8
13 – 4 = 9 13 – 3 – 1 = 9	14 – 5 = 9 14 – 4 – 1 = 9	– = – – =

Verschiedene Lösungen möglich

Erst bis 10

+	0	1	2	3	4	5	6	7	8	9	10
0	0	1	2	3	4	5	6	7	8	9	10
1	1	2	3	4	5	6	7	8	9	10	11
2	2	3	4	5	6	7	8	9	10	11	12
3	3	4	5	6	7	8	9	10	11	12	13
4	4	5	6	7	8	9	10	11	12	13	14
5	5	6	7	8	9	10	11	12	13	14	15
6	6	7	8	9	10	11	12	13	14	15	16
7	7	8	9	10	11	12	13	14	15	16	17
8	8	9	10	11	12	13	14	15	16	17	18
9	9	10	11	12	13	14	15	16	17	18	19
10	10	11	12	13	14	15	16	17	18	19	20

1

14

+
+
+
+
+
+
Verschiedene Lösungen möglich
+
+
+
+
+
+
+

2

3

+	1	3	0	2	5	4
10	11	13	10	12	15	14
20	21	23	20	22	25	24

–	5	10	0	2	4	8
10	5	0	10	8	6	2
20	15	10	20	18	16	12

4

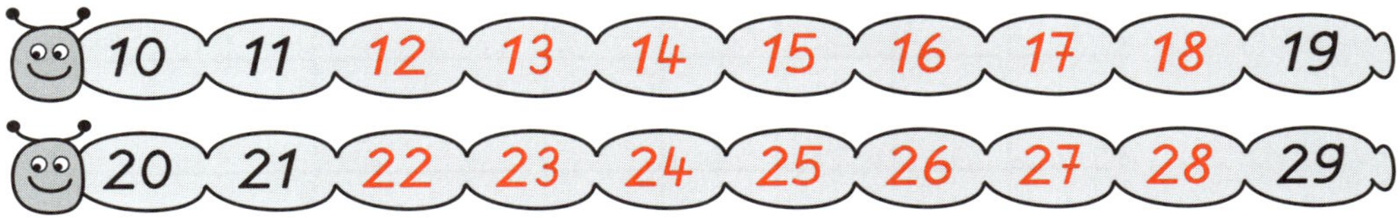

5

20
9 11
4 5 6
2 2 3 3
1 1 1 2 1

6

5 15 20

5 + 15 = 20
15 + 5 = 20
Andere Reihenfolge möglich
20 – 5 = 15
20 – 15 = 5

–	0	1	2	3	4	5	6	7	8	9	10
10	10	9	8	7	6	5	4	3	2	1	0
11	11	10	9	8	7	6	5	4	3	2	1
12	12	11	10	9	8	7	6	5	4	3	2
13	13	12	11	10	9	8	7	6	5	4	3
14	14	13	12	11	10	9	8	7	6	5	4
15	15	14	13	12	11	10	9	8	7	6	5
16	16	15	14	13	12	11	10	9	8	7	6
17	17	16	15	14	13	12	11	10	9	8	7
18	18	17	16	15	14	13	12	11	10	9	8
19	19	18	17	16	15	14	13	12	11	10	9
20	20	19	18	17	16	15	14	13	12	11	10